JN077996

は じ め に

　飼い犬にとっては飼い主からの歯周病菌伝播は大きな健康リスクである。このことを知ってから，どういう飼い主が，どういう飼育実践をしている飼い主が，飼い犬に歯周病菌を伝播してしまうのかを考えはじめた。共同研究者[1]との議論を重ねて，このことを疫学的に研究してはどうかとアドバイスされた。「疫学研究ですか」と問い返したことをよく覚えている。疫学の教科書を何冊かひろげると，前半は統計疫学であり，後半は記述疫学という構成が多い。記述疫学について読み進めると，地域調査との重複が多いように思えた。これならばできるかなと思ったのが，本研究のきっかけである。

　共同研究者からは，疫学的調査は時間がかかり敬遠される傾向があること，データを取ることがなかなか難しいとも言われた。社会学者にとってはデータを集めることは日常的な営みである。それが広く活かされるのならばやってみようと思った。一般的な地域調査で利用される調査票を利用することを想定したが，それだけでは足りない。飼い主と飼い犬の唾液サンプルを集めなくてはならないのである。そのためには綿棒状のスワブを利用して両者の唾液サンプルを収集し，両者の間に歯周病菌の共有があるかを，PCR 分析という分子生物学レベルでの分析を行った。この分析は，研究分担者に依頼することにした。

　本研究は 2012 年から 2014 年にかけて 2 度にわたり実施した，アメリカ合衆国ニューヨーク州ニューヨーク市ブルックリン区，カリ

フォルニア州サンフランシスコ市およびバークレイ市にて実施した
コミュニティ疫学調査, さらに 2016 年から 2018 年にかけて 2 度に
わたり同じフィールドにて実施した同調査のデータによるものである[2]。

　2013 年夏と 2014 年夏に実施した調査データにより, 2016 年に『ペットフレンドリーなコミュニティ――イヌとヒトの親密性・コミュニティ疫学試論』を刊行した。本書はこれらのデータに 2017 年夏と 2018 年夏に実施した調査データを加えて, 352 票のデータをあらためて分析したものである。あわせて 4 回にわたる調査は筆者を責任者として, 麻布大学獣医学部動物応用科学科, 生命・環境科学部環境科学科学生, 他大学学生 1 名, 合計 26 名が調査員として参加し, 質問紙調査を実施した。同時にコミュニティ疫学として, 飼い主から飼い犬への歯周病伝播の有無を調べるため両者の唾液サンプルを集めた[2]。

　上記のデータは筆者により, 集計と分析を実施した。分析結果は 2 章「単純集計」, 3 章「クロス集計」, 4 章「歯周病菌共有事例」でとりあげる。さらに前著(大倉 2016)にてとりあげた「暫定版ペットフレンドリーなコミュニティモデル」の修正版を 6 章にて示した。バークレイ市オーロンドッグパークでのリノベーション計画をめぐる事例は, 2018 年 2 月に聞き取りを実施し, あわせて関連する文書資料を集めた。これらの事例は 5 章に記した。

　2013 年調査, 2014 年調査は紙媒体の調査票を利用した。2017 年調査, 2018 年調査では, 設問には大きな変更はないが, タブレット調査票を用いた。この調査モードの変更については付論にて検討

した。

　海外調査という貴重な体験を記録し参考に供するため，参加学生のフィールドノートの一部を私家版として刊行したレポート集から転載した。また 2018 年に利用した調査票の英文テキストを 4 回にわたる調査の単純集計結果とともに示した[3]。

【注】
1)　麻布大学獣医学部獣医学科公衆衛生学第二研究室加藤行男とのディスカッションによる。PCR 分析も加藤行男が担当した。
2)　本書はヒトゲノムを取り扱わないが，「麻布大学における人を対象とする医学系研究及びヒトゲノム・遺伝子解析研究に関する倫理審査委員会」にて，「ペットフレンドリーなコミュニティの条件――コミュニティ疫学試論」(046 号) として，2013 年 8 月 22 日，2013 年 10 月 29 日，2014 年 3 月 10 日，2015 年 3 月 17 日，2016 年 3 月 31 日，2017 年 2 月 1 日，2018 年 2 月 13 日（修正後 3 月 12 日），2019 年 3 月 7 日に承認を受けている。本研究にて集めた唾液サンプルに関して，生物多様性条約における遺伝資源持ち込みについて国立遺伝学研究所は，「生物多様性条約の非締結国の遺伝資源」（アメリカ合衆国が含まれる）と「ヒト（人類）の遺伝資源」については ABS (Access and Benefit Sharing) の対象にならない（場合が多い）としている。http://nig-chizai.sakura.ne.jp/abs_tft/faq059/ (2019 年 10 月 22 日取得)
3)　図表については次のような図表通し番号を章ごとに付した。図・表（章番号）－（章における図表番号）：タイトル　例　図 3-4　飼い主の職業と悪い飼育マナー

1章

なぜいまペットフレンドリーなコミュニティが求められるのか
──先行研究のレビューと本研究の課題

1. 前著書評より

　前著（大倉 2016）は，理論社会学者徳田剛による書評を得た。徳田はコミュニティ疫学調査の成果と，調査者との良好な関係構築に成功したことを評価したうえで，疫学的調査の手法が地域調査にうまくなじんだかに注目する。

　徳田は問題点として，飼い主と飼い犬に共通の歯周病菌キャンピロバクター・レクタス（Campylobacter rectus）（以下 C. rectus と表記）が発見された例が 2 事例しかないことをあげている。さらに徳田は継続的な調査のうえで，「ペットフレンドリーなコミュニティ」モデルのブラッシュアップを求める（徳田 2017：127-8）。

　徳田からの宿題は以下の 2 点になるだろう。①歯周病菌共有事例が少なく一般的な知見を導きだせていないこと，②「ペットフレンドリーなコミュニティ」モデルの修正である。このことを受け止め，2017 年・2018 年調査では，回答票数と回収サンプル数を増やすことをめざした。そのことが歯周病菌共有事例からの一般的な知見をみつけ，「ペットフレンドリーなコミュニティ」モデルの修正に資することとなる。このために，質問項目については大きな変更をせず，調査モードの変更を試みた。結果として，回収票数は前著の 74 票にくわえて，278 票を得ることができた。

①については，本研究では研究分担者により PCR 分析 [1] をもちいて，唾液サンプルから飼い主と飼い犬の歯周病菌共有事例を発見し，その疫学的条件をさぐることを目的としている。2013 年夏に実施した第一次調査，2014 年夏に実施した第二次調査（以下，2013 年調査，2014 年調査と表記する）の合計で，共有事例は 2 事例にすぎなかった。2017 年調査においては新たに 2 事例を得ることができた。2018 年調査でも同様に分析を行ったが，共有事例はなかった。これでおわってしまうならば，共有事例は非常に稀有な事例になってしまう。しかしながら 2017 年調査では，キャンピロバクター・カニイン（Campylobacter sp. canine oral）（JN713171）という，犬由来の歯周病菌が飼い主の唾液サンプルからはじめて発見された。2018 年調査では，2013 年調査，2014 年調査にくわえてキャンピロバクター・ショワエ（Campylobacter Showae）（LT631480）の共有事例がはじめて発見された。この点については 4 章で述べる。

　徳田以外にも個人的な感想を含む指摘をうけたが，獣医系大学の社会学者と学生による調査であるから，このような票数を得たのではないかという指摘があった。確かにコミュニティ疫学調査を実施するうえで，動物に関する専門的な知識は必要なのであろう。しかしながら筆者には，調査学生が自信のない英語で，調査の意図や目的を熱心に伝えようとしたことの方が，調査協力者とのよい関係構築に資したのではないかと考えている。

2. 飼い犬と飼い主

　「ペットフレンドリーなコミュニティ」の条件をとりあげた本研究では，住民，ペットおよびコンパニオン・アニマルとしての「犬」

を主要な登場人物とし，コミュニティを舞台として実態をあきらかにする。ここでの「住民」とは，飼い主としてまたはその家族として，または「その他の飼い主」やペットを媒介として関係を取り結ぶ，「ペット友人」として，そして飼育をしない居住者としてとりあげられる。そこにはおもに飼育を担当する者や，飼育を担当しない家族員もふくまれるだろう。その他の飼い主とは，公園で犬とともに空間を共有し，ある者は「ペット友人」として知識情報の源泉となり，または飼育マナーの悪い飼い主として認識される。飼い犬については，犬種および犬齢の観点でとらえることが必要となる。さらに飼い犬飼育への支援助言を行う獣医師の存在を加えなくてはならない。ここでは先行研究のレビューを行い，本研究の守備範囲と課題を明示することにする。

　カナダ出身でイギリスの獣医師であるフォーグル（Bruce Fogle）は，ペットと家族の新しい関係について論じている。フォーグルによれば，ペットはその家族をうつす鏡である。ペットをめぐる理解のうえでは，ペットをだれが手に入れたか，だれのものとされているか，だれが責任を持っているかを知る必要があるだろう。彼はペットが家族アルバムにおいて赤ちゃんのような位置を占めていると論じる（Fogle 1984=1992：75）。本書においては具体的にどのような飼い主が，どのような社会的背景において，おもに飼育をどのように担当しているか，飼育実践の異なりはどのような変数によって説明されるかを明らかにする。

　飼い犬のしつけは飼い主にとってだけではなく，地域社会にとっても大きな問題となりうる。この点について，フォーグルによる議

論では，飼い犬と飼い主，家族との関係を「ゲーム」として論じる。動物は非言語的コミュニケーションを理解するのが得意であり，交流としてのゲームを飼い主との間で行う。犬は飼い主の前で，人間の子どもならば許されないことを行うと論じる。フォーグルによれば，犬は常に飼い主に挑戦して，最終的な勝利を得ているのである。そこでは飼い主の態度と行動という，飼い犬に対する影響が重要である。いいかえれば，飼い主のペットに対して見せている反応の理解が必要である。さらに，飼い犬は飼い主にとっての「親」の役割を果たしている。飼い主は献身的な姿勢を犬に求めているとフォーグルは論じる（Fogle 1987=1995:17-37）。フォーグルによる議論では，「ゲーム」モデルによって飼い犬と飼い主の関係が説明されている。しかしながら，そこには家族からのひろがりが見出せない。筆者は飼い犬との関係を地域社会の観点に位置づける必要性を見出す。

　飼い主と飼い犬の関係を考えるとき，飼い主による犬種の選択は，飼い主の背景を示している。調査結果では大型犬が最も多かった。どのような犬種を選ぶかについては，飼い主のライフスタイルとの関連で理解することが必要だろう。犬種選択の説明変数は何であるかを明らかにしたい。

　アメリカ人の獣医師であるピトケアンら（Richard H. Pitcairn and Susan H. Pitcairn）はこの点について，いくつかの特徴を指摘している。柔和な性格の飼い主は，飼い主を威圧する傾向のある犬種をさける傾向があり，幼児のいる家族では子どもにかみつく可能性が低い犬種を選択している。ピトケアンらは同様に飼い犬のサイズについても，指摘をしている。小型犬は活動的で愛情を要求する傾向があり，大型犬は静かで子どもに対して忍耐強いことをあげている。

この点からは大型犬が飼い犬としてすぐれていると考えられるが，大型犬の場合はひろい空間が必要であり，32～36kgの犬だと大人の女性と同じカロリーが必要であると，大型犬飼育の困難をあげている（Pitcairn and Pitcairn 1995=1999：146）。

　さらに飼い犬と飼い主の関係を家族から外延するならば，「しつけ」の問題に焦点が定められるだろう。本書においては，「しつけ」をさらには「しつけについての知識」を，どのような方法で具体的にだれから得て，どのように実践しているかについて分析を試みる。

3.　コンパニオン・アニマルとしての犬

　ここまでは犬を「動物」として，「ペット」として論をすすめている。ここから，コンパニオン・アニマルを考えるに先立って，アメリカ人の人類学者デメーロ（Marg DeMello）によるペット飼育の定義をあげなくてはならないだろう。彼女はペット飼育を「利用よりもむしろ楽しみのために動物を他の種から隔てること」と簡潔に定義している（DeMello 2012：145）。飼い犬がコンパニオン・アニマルとして，位置づけられることの意義は，楽しみや飼い主と飼い犬の親密さだけにとどまらない。アメリカ人の精神分析家であるマッソン（Jeffrey M. Masson）は睡眠の研究により，飼い主と飼い犬が一緒のベッドで寝るとバイオリズムが似てくることをあきらかにした。コンパニオン・アニマルとはバイオリズムの共有でもある（Masson 2010=2012：75）。このように人間と犬の不思議な関係性があることをわすれてはならない。

　アメリカ人の応用動物行動科学者ベック（Alan Beck）らは，犬を家族の一員と同様にあつかう，「コンパニオン・アニマル」とし

てとりあげる必要性を論じている。ベックらはコンパニオンとは、「一緒にパンを食べる関係」であるとし、家族の一員として位置づけている。そのあらわれとしてアメリカにおいて、子どものいる家族でのペットが多く、1人世帯では15％が犬を飼い、子どものいる家族では72.4％、子どものいないカップルでは54.4％がペットを飼っている（Beck and Katcher 1996＝2002：63）。彼らにとって「コンパニオン・アニマル」としての犬は、飼育に適した住居に居住する経済的なゆとりがある家族にとって、子どもの教育のためによく、かけがえのない存在である。

しかしながら、コンパニオン・アニマルという位置づけが、問題となることもある。「コンパニオン・アニマル」という視点に対して、動物科学におけるマルクス主義的な観点の必要性を提案し、批判的な議論を展開するのはハラウェイ（Donna J. Haraway）である。アメリカ人で実験動物学からのちに科学史に転じたハラウェイは、飼い犬がペットから「コンパニオン・アニマル」へと位置づけがかわり、両者の距離が近くなったことによって、歯周病のリスクは伴侶種の絆の一部になっていることを危惧している（Haraway 2008＝2013：74-92）。

コンパニオン・アニマルという存在をとおして、アメリカ人ドッグトレーナーのビーアン（Kevin Behan）は飼い主側の問題をべつの角度から提起する。ビーアンによると、コンパニオン・アニマルはいつでも飼い主の感情を反映している。飼い主の感情の痛みのあり方を犬が理解し、感情として反応する。飼い主が語ろうとしない感情を犬が自分で表現しようとするという。こうした関係はコンパニオン・アニマルにとって重荷であり、コンパニオン・アニマルをめ

ぐる問題はいつも飼い主の側にあることを指摘している（Behan 2011＝2012：24）。近すぎる関係のもたらす害とは何だろうか，居住環境だろうか，家族構成であろうか，この点を調査結果から明らかにしたい。残る問題として，飼育経験や家族構成が異なる，様々な家族にとって「コンパニオン・アニマル」としての犬は，どのように，そしてなぜかけがえがないかという，重要な課題が残されている。家族規模の縮小のためであろうか，個人化する生活のゆえであろうか，子どもの転出などライフコース上の変化のためであろうか，この点についても調査結果から実態を明らかにする。

4．コミュニティの諸定義から

　コミュニティの定義は数多くある。分析に先立ってコミュニティの定義に目を配ることは，研究においてどの登山道を選択するかということである。

　コミュニティに注目するという道を選択するべきではないという忠告がある。それはバウマン（Zygmunt Bauman）によるものである。バウマンはウェーバーが，利害コミュニティにおける固い結束を指摘したのに対して，今日では結束がうまくいかないと論じる。それはウェーバーが結束の条件とする「典型的な状況の同一性や類似性」が確かなものになっていないからである。さらにバウマンは「同様の状態にある他者」とのきずなが弱く，つかのまのものになるだろうと言い切ってしまう。バウマンは人間的なきずなを結び，固めるのは，時間を要することであり，長い将来を見据えてはじめて割に合うものである。利害対立の敵対者も同様で，利害コミュニティは結集以前に失敗が運命づけられ，結合する時間のないうちに分解し

がちであると論じる（Bauman 2001=2008：117-8）。

　一方で，いくつかの登山道が考えられるが，歩む時にはここに気をつけなさいという指摘がいくつかある。古いものからあげればまずボット（Elizabeth Bott）による指摘である。ボットは，コミュニティのなかの家族にとって，コミュニティがひとつの組織化された集団で，そこに家族が包摂されているという考えの誤りをただす。ボットにとっては凝集的な社会集団としてのコミュニティは都市には存在しない。都市の家族にとって直接の社会環境は高度に個化した社会関係のネットワークであると論じる（Bott 1955=2012：74）。

　ボットの指摘から半世紀という時間をへて，コミュニティの歴史的な変容を示すのは，ウェルマン（Barry Wellman）である。ウェルマンはコミュニティが，コミュニティという歴史的変容を遂げてきたことを示し，① door-to-door 段階では住居は近接し歩ける範囲であり，家族生活と仕事と友人関係の重なりがみられ，人びとの移動速度が増すと重要ではなくなることを示した。② place-to-place 段階では外部との関係は，家庭の内部へ移動し，電話やメールを介したものとなる。異なる地理的ロケーションの家々をつなぎ，離れて住む人びととのつながりに変容する。③ person-to-parson となる 1990年以降では，人々はポータブル[2]になった。ネットワーク化された個人主義，移動しつつもつながりは維持される（Wellman 2001：227）。このようにコミュニティの位相の変容を示したウェルマンは，ヴァーチャル・コミュニティをも視野に入れて，コミュニティとは，「社交，支援，情報，帰属感，社会的アイデンティティを提供する，個人間の紐帯ネットワークである」と定義している（Wellman 2001：127）。

　もうひとり全く異なる観点から，コミュニティを定義しているの

8

はカステル（Manuel Castells）である。カステルは、「文化的アイデンティティの追究、人種的基盤を持ち、あるいは歴史的起源を持った自立的な地方文化の維持ないし創造の追究、人びと同士のあいだのコミュニケーションの防衛が、自立的にその社会的意義や対面的相互作用の意味を明確にしたのである。メディアによるメッセージの独占、一方通行的な情報の流れの支配、文化の規格化への対抗、このような目標を指向する運動」と定義する（Castells 1983=1997：568）。

　ここではコミュニティという山頂を目指す、さまざまな登山道を選択肢として示した。具体的な一歩を踏み出す前に、どのルートを踏みしめるとしても、共通に頭に置いておくべき定義がある。それはパーソンズ（Talcott Parsons）によるコミュニティの定義である。パーソンズは「その成員が日々の営為の基礎として共通の領分を分かち合うところの集合体」と簡潔に定義している（Parsons 1951=1974：51）。ここからはこの定義を念頭に置いて、ここでの成員に飼い犬をも位置づけ議論をすすめる。

5.　コミュニティにおける飼い犬

　アメリカ人の獣医師カッチャー（Aaron Katcher）と前述したベックは、都市における犬について、都市に特有な問題をあげている。彼らは、1980年時点でのアメリカでの犬飼育世帯を、全体の40％と推定し、飼育世帯あたり1.5頭と推定している。また、単身者に飼われている犬は全体の5％であり、子どものいない家に飼われているのは9％、10代の子どものいる家族の半数が犬を飼っていると推定している。大型犬が深刻なかみつきの原因となることから、都

市においては小型犬が奨励される。さらに，都市においては，飼い犬の総数コントロールの必要性があること，このために2頭以上の場合は特別な評価・犬舎・ライセンスが必要であること，放し飼いの問題性，狂犬病の予防注射の必要性を指摘している（Katcher and Beck 1983=1994：74）。

さらに彼らは，アメリカにおいて5250万匹と推定した犬の75%が，都市と郊外で飼われていることを示した。彼らによれば，アメリカでは90年代になるとペットとしての犬は減少しはじめた。その理由は，飼い主の生活様式の変化による。そして，ペットを飼う場合には，仕事や旅行の予定を前提として，家の広さが問題とならず，手がかからない猫を選ぶようになったと論じる。彼らによれば，都市での犬に関する苦情は病気，かみつき，排泄物による環境悪化，迷惑などである。また，放し飼いにより動物の交通事故や捕獲が多く，犬にとって都市は安住の地ではない。問題の原因の多くは飼い主の不注意や身勝手にあり，責任は重大であることを指摘している。これらの原因により，飼い主と飼育しない住民はたがいに不満を持つのである（Beck and Katcher 1996=2002：299-323）。この点については後述するウォルシュの議論をとりあげ，計画のたちあげ，近隣との対立，そして合意形成へとむかった，カリフォルニア州バークレイ市オーロンドッグパークリノベーション計画の事例を5章で提示する。

前述のフォーグルも犬の排泄物放置の問題を，コミュニティの問題としてとりあげている。フォーグルによれば，犬の排泄物の問題は，排泄物に含まれる犬回虫の害ではなく，コミュニティの環境美観の問題であり，処理しない飼い主は反社会的と考えられると指摘

10

している（Fogle 1984=1992：133-4）。本書ではこの点を「ペットフレンドリーなコミュニティのあり方」という観点から論じる。好ましくない飼い主のマナーとして，調査結果からは「排泄物の処理をしない」「しつけをしない」ことが回答されている。こうしたルール違反がもたらす様々な問題の波及は，どのような契機から発生するのだろうか。この点を5章にて事例とともに論じる。

　ピトケアンは地方自治体によせられる苦情の多くはペット管理の問題であり，飼い主はペットが地域社会におよぼす影響の責任を負うことが求められていることを指摘している。しつけについてはどのような具体的内容が求められるのだろうか。ピトケアンは，飼い犬に攻撃的な行動をさせない，過剰な騒音をたてさせない，家の中や他人の場所で散らかしたり破壊したりさせない，他の動物の縄張りに侵入させないことをあげている。ピトケアンの指摘は，飼い主と飼い犬と彼らに接する人びとにとどまらない。飼い犬の問題は交通事故，人をかむ被害，他の動物とのトラブル，排泄物の害と金銭的な負担など，地域社会全体に対してマイナスをもたらすことをあげている。(Pitcairn and Pitcairn 1995=1999：134-9)。本書ではこの点をふまえ，自治体や集団とのかかわりをとりあげる。

　同様な視点はアメリカ人の哲学者ウォルシュ（Julie Walsh）においてもみられる。ウォルシュは人間と犬の特別な関係に注目する。その関係は氷河期以来の見張り役にはじまり，もっとも密接であるという。ウォルシュはその関係が示す一途な愛，ハイパーラブ，感情的なつながりは家族における子どもとおなじだという。ウォルシュは，本研究の調査地である，サンフランシスコ・ベイエリアの特殊性を，人口学的に論じている。同エリアは，全米主要都市で最も

子どもがいる家族が少なく，犬を飼育することの価値が非常に高いという。18 歳未満の人口比率が全米で 25％であるのに対して，サンフランシスコは 14.5％であり，世帯人数平均 2.3 人は全米 2.6 人よりも少ない。39％は一人で暮らす。さらに外国生まれが多く，35％しか同エリア生まれではない。同エリアでは犬と飼い主そして，他の飼い主との関係は重要であるという。社会生活においては，家族がいない場合，または離れている場合には飼い犬がそれを補う存在であるという。賃貸住宅の 65％が犬飼育可の物件であり，全米最高のドッグフレンドリー都市であるという。そのことにより飼い犬をめぐる問題は，感情的で決定的な対立となる（Walsh 2011：73-7）。ウォルシュの研究を，本書が事例としてとりあげる，ドッグパークリノベーション計画の序曲として位置づけ，事例の理解を深めたい。本書においては飼い主がイメージする飼育マナーの悪い飼い主像という観点で分析を行う。さらに，前著（大倉 2016）で示した，「ペットフレンドリーなコミュニティ」モデルを，調査の継続により得たデータから，精緻化を試みる。

6. 下位文化としてのペットフレンドリーなコミュニティ

　「ペットフレンドリーなコミュニティ」を，都市とパーソナル・ネットワークの文脈から論じる必要があるだろう。多くの人びとを引きつける「都市の効果」とは何であろうか。ワースを嚆矢とする 1920 年代からのシカゴ学派の研究以来，都市社会学ではこの問題の解答を追い求めている。都市社会学者フィッシャー（Claude S. Fischer）は都市の効果とは，都市生活に浸透している「非通念性」（unconventionality）であると考える。フィッシャーは都市という人

口の集中が，下位文化の多様性をもたらし，それを強化し，普及していくと論じる。多様性を前提とした，下位文化の強化と普及がフィッシャーの議論の中心にある（Fischer 1978=1983：50）。これらの論点から，ペットフレンドリーなコミュニティを下位文化論との接点で考察し，その可能性を探ってみよう。フィッシャーは下位文化を以下のように定義している。

> 私は，下位文化を次のように定義したい。それは人びとの大きな集合——何千人あるいはそれ以上——であって，▼共通のはっきりとした特性を分かちもっており，通常は，国籍，宗教，職業，あるいは特定のライフサイクル段階を共有しているが，ことによると趣味，身体的障害，性的嗜好，イデオロギーその他の特徴を共有していることもある。
> 　▼その特性を共有する他者と結合しがちである。
> 　▼より大きな社会の価値・規範とは異なる一群の価値・規範を信奉している。
> 　▼その独特の個性と一致する機関（クラブ，新聞，店舗など）の常連である。
> 　▼共通の生活様式をもっている。（Fischer 1982=2002：282）

　本書では，犬を飼育する飼い主と「ペット友人」とのネットワークに注目している。「ペット友人」とは，飼い主にとって飼育に関する知識の源泉であり，旅行時の預け先でもある。「コンパニオン・アニマル」としての犬を中心とした生活様式は，「より大きな社会の価値・規範とは異なる一群の価値・規範を信奉している」とみな

すことができるだろう。同時にそうした価値・規範を共有している。ペットを自由に遊ばせる公園などの広い公共空間は，リード使用・利用その他に関して明文化され，公表されているルールがあることから，フィッシャーの定義での，「独特の個性と一致する機関」とみることができる。本章での課題は，下位文化としてのペット友人ネットワーク論と言い換えることができる。こうしたペット友人の存在がペットフレンドリーなコミュニティにおいて，どのような意義を有するかを示したい。

7. ドッグパークの空間論

本書はドッグパークをフィールドとし，その意味合いを検討するものでもある。そこでドッグパークを空間論としてみた場合，どのような先行研究がなされているのだろうか。

市民生活にとって不可欠な公共空間が破壊されていると論じるのは，イギリス人の建築家ロジャースら（Richard Rogers and Philip Gumuchdjian）である。彼らは単一目的に特化された Single-minded 空間（一つの機能のみをみたす都市空間）が，多様なものを受容する Open-minded 空間（いくつもの機能を満たし，その場にいる人びとの様々な必要に合わせて成長した結果，賑わう広場）を破壊したと断罪する。その方向性は私的欲求の硬直的な組み合わせに応じたデザインであると論じる。公共空間性とそこでの Public life が必要であり，公共空間は市民に帰属し，市民性が種々演じられる場所であり，都市社会を結びつける糊のような役割であると論じる（Rogers and Gumuchdjian 1997=2002：8-9）。ドッグパークは Open-minded 空間であることはまちがいないが，その公共空間性がどのように利用者

や近隣住民から体験されているのだろうか。これについては，調査結果とドッグパークリノベーション計画の観点から実態を示す。

　空間を管理されるものとして位置づけ，その息苦しさを論じるのは，メディア論研究者阿部潔である。阿部によれば，空間の自由を前提とした空間中心主義に対して，見せかけの「個人の自由」が増大し，実態としては空間の自由の抑制がすすんでいると論じる（阿部 2009：40-53）。阿部のいう「空間の自由」は見知らぬ他者と思わぬ関わりを生みだすような，空間に支えられる。ドッグパークの場合には，見知らぬ他者との関わりは容易に積み重ねられている。しかし，空間としてのドッグパークを考える場合，ドッグパークに完結してしまう視点ではなく，「ドッグパークからの外延」を考えなくてはならないだろう。それは歩道であり，歩行者への視点である。

　アメリカ人の都市計画学者ローカイトウ‐サイダーリスら（Anastasia Loukaitou-Sideris and Renia Ehrenfeucht）は，人びとが徒歩で往来するサイドウォークの価値低下について論じている。かつてはサイドウォークが社交の場であったが，今日ではショッピングモールが社交の場になったと論じる。彼女らはこの変化の原因として，サイドウォークでの脅威や不快な活動は認められなくなったことをあげている。サイドウォークでの脅威や不快としては，飼い犬と飼い主の歩行マナーは重要な問題を生じさせる（Loukaitou-Sideris and Ehrenfeucht 2012：4-9）。後述するドッグパークをめぐる紛争でも，この問題は注目されることになる。

　空間論の視点では，物理的に空間を設計する視点をもたなくてはならない。社会学にとっては大きな問題ではあるが，イギリス人の建築家であるバレット（Richard Barrett）の指摘に耳を貸すことは

必要であろう。バレットはペットフレンドリーな空間を作るために
は，犬の性格と特徴的な行動を理解することが必要であると論じる。
具体的には犬の原産地やその使途を考慮し，適した空間を作ること
が必要であると論じる。ドッグパークを視野にすれば，様々な犬種
が利用する前提では，個々に適した空間を作ることは不可能である。
しかしながら，後述するドッグパークリノベーション計画において，
特に小型犬専用エリアを作ろうとした試みは，こうした視野に合致
する（Barrett 2000：12-5）。この点は犬種についての分析を通じて，
その是非を問うこととする。

8. パーソナル・ネットワーク論としての「ペットフレンドリーなコミュニティ」

　フィッシャーは個人が生活を成り立たせる一部分として，ネット
ワークを構築する点に注目する。フィッシャーのいうパーソナル・
ネットワークは，個人の様々な事情のパターンとしての社会構造に
制限されつつ，パーソナル・ネットワークを形成し維持する。そこ
において，彼らの住む場所が「関係を引き出す貯水池」を形成し，
関係を容易に維持できるようにしている（Fischer 1982=2002：20-5）。
フィッシャーはネットワークが「同種交配的」と考え，経験，態度，
信念，価値観を共有し，類似した振る舞いをするとみなす。彼らは
共通の文化を発達させ，重複するパーソナル・ネットワークをもつ，
これがフィッシャーのいう下位文化である（Fischer 1982=2002：26）。
　本書がテーマとする「ペットフレンドリーなコミュニティ」の場
合でも，住む場所の効果は大きい。しかしながら，本研究の結果か
らは，飼い主の社会経済的な状況，フィッシャーであれば事情のパ

ターンよりも飼い犬が同一の犬種であるかいなかが重要視されている。このことは子育てにおけるネットワークにおいても同様であろう。一方で，フィッシャーの調査結果で示される，ネットワークの社会的文脈は本書の知見においても同様な示唆をしている。フィッシャーは交際相手を，親類，仕事仲間，隣人，同じ組織の成員，友人，知人，その他（友人の配偶者，依頼人，顧客，元配偶者）に分類し回答させ，これを関係性の起源により類型化した。そこでは，近い親類，拡大親族，仕事仲間，隣人，組織成員仲間，その他，に加えて「純粋な友人（Just Friends）」をあげている（Fischer 1982=2002：68-72）。筆者はここでの「純粋な友人」が，「ペットフレンドリーなコミュニティ」における「ペット友人」であると考える。フィッシャーによる調査結果ではパーソナル・ネットワーク全体の23％にあたる「純粋な友人」が，学歴により比較的規則的に増加している。ペットフレンドリーなコミュニティ調査では，高学歴層の回答に偏りが生じてしまったが，フィッシャーのいう「純粋な友人」としての「ペット友人」に，飼い主が求めるサポートについて明らかにする。具体的には旅行時の預け先としての隣人とペット友人の違いを分析し明らかにする。フィッシャーは隣人や親族，組織成員とは異なり，「純粋な友人」が自発的な選択によることを明らかにしている（Fischer 1982=2002：161）。

　ペットフレンドリーなコミュニティは飼い犬にとって，セキュリティが確保された場である。旅行時に飼い犬を誰に預けるかという課題は，自分の居住空間以外で，どこが飼い犬にとってセキュリティが確保されているかという問題になる。調査結果からは，旅行時の飼い犬預け先として，「友人・近隣」が最も多くあげられている。

ピトケアンは飼い犬にとって，セキュリティが確保された預け先の条件として，プライバシーが守られ静かに休息できるか，衛生状態，騒音，適度な日光量，運動スペース，適切な食事と水，新鮮な空気をあげている。このような物理的条件の他にピトケアンは，飼い犬のメンタルな問題点を指摘している。それは飼い犬と飼い主の結びつきが強い場合は，飼い犬に悲しみをもたらす点である（Pitcairn and Pitcairn 1995=1999：205）。旅行に連れていくという回答もあるがその場合でも，長距離旅行では毎日運動させる，暑い日に車内に残さないことが必要とピトケアンは指摘している（Pitcairn and Pitcairn 1995=1999：213）。

ペットフレンドリーなコミュニティにおいては，どのような場所で出会ったかをきっかけとして，自発的な選択のあり方を示したい。また，フィッシャーはソーシャル・サポートを，「相談」「親交」「実用的」からなるという。「ペットフレンドリーなコミュニティ」においては，「ペット友人」に求める旅行時の預けなど，サポートの内容を明らかにしたい。

9. ペットフレンドリーなコミュニティから普遍的なコミュニティへ

都市社会学者奥田道大は，都市コミュニティの定義として，「さまざまな意味での異質・多様性を認め合って，相互に折り合いながらともに自覚的，意思的に築く，洗練された新しい共同生活の規範，様式」と定義している（奥田 1995：31）。筆者は奥田のいう「異質・多様性」「新しい共同生活の規範」を具現化した空間として，「ペットフレンドリーなコミュニティ」を位置づけることを試みる。飼い

犬をコミュニティの成員に準じて扱い，飼い主の意識によって「ペットフレンドリーなコミュニティ」が構築されると考える。本書ではこの意味で「コミュニティにおける飼い犬」と表現する。コミュニティにおける飼い犬は，共同生活において大きな地域問題となることがある。そしてその問題の解決は，住民の能動的な関わりにあると考えられる。

　家族社会学者森岡清美は，家族にとっての地域社会を論じるなかで，コミュニティが各種関心共通集団と等値されること，コミュニティの諸活動が家族間の交際に還元されてしまうことを批判している。都市化とは各種社会機関の対住民サービス，住民による共同利用が，家族を地域社会に統合する鍵である状態への移動であると論じている（森岡 2005：233-5）。この指摘をうけるならば，ドッグパークの共同利用が個人をまきこみ，さらには家族をまきこむ，ここにこそコミュニティの本質があるとみてよいだろう。そのことを飼育知識の源泉である，ペット友人との関係において実態を明らかにしたい。

　ドッグパークにおけるペット友人間の交流は，集団としての形態をもとりうる。パットナム（Robert D. Putnam）はアメリカにおける宗教集団を調査した結果から，人気のある集団として「趣味，スポーツ，芸術，音楽その他余暇活動」をあげ，アメリカ人の半数が参加していると明らかにしている（Putnam 2015＝2017：36）。ペットフレンドリーなコミュニティは「趣味としての余暇活動」と位置づけることが可能である。

　人はどのようにして，ペット友人を得るのだろうか。アメリカ人の政治科学者ウォルシュは出会いの媒介としての飼い犬の重要性を

あげる。彼女によれば，犬を連れていることによって，見知らぬ人とコミュニケーションすることは犬のコンパニオンシップの最大の効果であると高く評価し，個人間にとどまらず，衰退するコミュニティとトラブルにある人間関係にも価値があると論じている（Walsh 2011：9）。

　奥田，森岡，パットナム，ウォルシュのコミュニティ論をみてきたが，最後に彼らと同様の視点を Engage という点からとりあげる，アメリカ人の社会学者ヘルムリッヒ（William B. Helmreich）の視点を紐解くこととしよう。ヘルムリッヒは 2016 年に刊行した "The Brooklyn Nobody knows" において，ニューヨーク市ブルックリンでの多文化共存を "Openness to Engagement" と表現している。Engagement には戦いという意味もあるが，ここでは関わり合いという意味で解して，異なる文化を背景とする人びとの自然な関わり合いが存在していると理解したい。ヘルムリッヒは公共空間を共有するブルックリンの実態を "Porous"（小穴の開いた，多孔性，透過性）と表現している。さらにこれらを "Daygration" と概念化している。離れた同質的なコミュニティに住む住民であっても，現実的には，彼らのエンゲージは多孔性・透過的である。ヘルムリッヒのいうデイグレーションは，多孔性・透過性のあるエンゲージメントをつうじて，へだたるものに穴が開くという含意をもつものと読むことができる（Helmreich 2016：xii）。本書では，東海岸のブルックリンとは反対に位置する，西海岸バークレイ市のドッグパークリノベーション計画とその行方を追う。そのことにより，コミュニティを中心とした，ヘルムリッヒのいう住民のエンゲージと，飼い主と飼い主ではない住民，さらには住民と市のデイグレーションの実体をあき

らかにしたい。ペットフレンドリーなコミュニティの実態とその条件は，普遍的なコミュニティのあり方と通底することが考えられる。本書の全編を通じて，飼い犬とドッグパークを手がかりとして，コミュニティの再考をおこなう。

【注】

1) PCR分析とは分子生物学におけるポリメラーゼ連鎖反応による，特定遺伝子の発見のための分析である。原稿執筆時点ではくわしい説明が必要であったが，現在はだれもが知る分析となった。
2) モバイルする社会については，エリオット（Elliott 2010）を参照のこと。

2 章

ドッグパーク利用者の横顔と飼育の実際

——米国ドッグパーク利用者調査データ

1. 調査実施の概要

　2013 年，2014 年，2017 年，2018 年夏にアメリカ合衆国ニューヨーク州ニューヨーク市ブルックリン区およびカリフォルニア州サンフランシスコ市，バークレイ市にて調査を行った。4 回にわたる調査ではいずれも 8 月末から 9 月上旬にかけて，週末の午前中に実施した。実施は 5 年間にわたるが，ほぼ同時期の同時刻である。天候も晴または曇りというほぼ同一の条件であった。いずれの調査においても，麻布大学獣医学部動物応用科学科学生，生命・環境科学部環境科学科学生他が調査員として参加した。

　これらの調査から得たデータをニューヨーク市ブルックリン区（以下，NY 調査と表記する）でのデータと，サンフランシスコ市およびバークレイ市（以下，SF 調査と表記する）にわけて分析を試みる。2 つの地域にわけて分析するのは，後述するようにドッグパーク利用についてのルールがそれぞれの地域でことなること，さらにドッグパーク設立の経緯がことなるためである。

2. 回収票数および調査実施態勢の概要

　上記の 4 回の調査で得たデータは，合計 352 票である。回答者はいずれも調査地点のドッグパーク利用者であり，飼い犬を連れて来

訪した。学生調査員が調査の内容を紙面または画面を示して説明し，調査協力承諾の署名またはチェック記入をしている。NY 調査は全体の 36.3 %，SF 調査 63.6 % となる。全体としては SF 調査回答が多くを占める。しかし学生調査員数は，13 年調査 5 名，14 年調査 3 名，17 年調査 6 名，18 年調査 12 名と異なる。さらに 13 年調査と 14 年調査では従来からの紙媒体による調査票を利用したが，17 年調査と 18 年調査についてはタブレット調査票を導入した点が異なる。調査モードの比較とタブレット調査票の効果と等価性については付論にて論じる。

表 2-1　回収票数の詳細　　　　　　単位：票

	13 年調査	14 年調査	17 年調査	18 年調査	合計
NY 調査	23	23	52	30	128
SF 調査	18	10	67	129	224
	41	33	119	159	352

3. 調査回答者の概要
3-1. 回答者の性別・年齢構成

352 名の調査回答者性別は，NY 調査男性 61 名，女性 66 名，性別無回答 1 名であり，SF 調査では男性 121 名，女性 98 名，性別無回答 5 名であった。全体では男性 182 名，女性 164 名，無回答 6 名となる。性別については男性が多いが，極端な偏りはない。

回答者の年齢構成は，どちらの調査でも 30 代の回答者（NY 調査 44.0 %，SF 調査 34.6 %）がもっと

表 2-2　回答者の性別　単位：名

男性	182	51.9%
女性	164	46.4%
無回答	6	1.7%
合計	352	100.0%

も多く，20代，40代，50代，60代，70代，10代と続いている。
いずれの調査も同様の回答者の割合と考えられる。

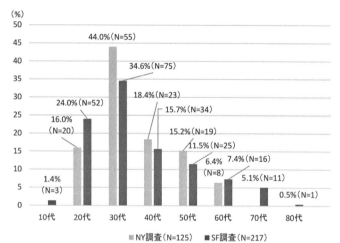

※パーセントは NY 調査，SF 調査における割合，以下も同様である。

図 2-1　回答者の年齢 （N=342）

3-2. 回答者の職業等

　回答者の現在の職業等については，給与所得者がもっとも多く，
自営業，退職者，学生と続いている。2013 年調査・2014 年調査（大
倉 2016）と同様の回答者割合となっている。

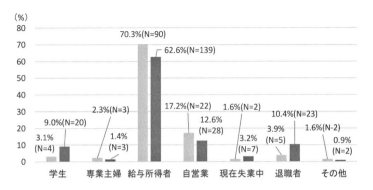

図 2-2　回答者の職業等（N=350）

3-3．回答者の学歴

　回答者の学歴については，大学卒業と大学院修了で全体の 92 ％
となる。本調査の回答者である，飼い犬を連れてドッグパークを利
用する住民は，高い学歴アチーブメントを有している。同時にこの

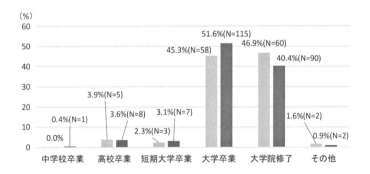

図 2-3　回答者の学歴（N=351）

データは高学歴層に偏っていることを指摘し，データ解釈において
は意識しなくてはならない。

3-4. 回答者の出身地・居住地

　回答者の出身地（Home Town）については，NY調査回答者では，
65名がニュージャージー州をふくむニューヨーク圏の出身である
と回答している。その他のアメリカ各州出身者が48名，外国出身
者が10名であった。SF調査回答者では，131名がサンフランシス
コを中心としたベイエリアの出身であると回答している[1]。その他
のアメリカ各州出身者72名，外国出身者が3名であった。各調査
回答者の3，4割程度（NY調査47.2%，SF調査36.4%）が外国をふ
くむ他の地域の出身者であるとみてよいだろう。居住地についても
3割程度圏外居住者を含んでいる。圏外居住者は旅行者をわずかに含
むが，多くは遠方から来訪した利用者またはかつての圏内居住者と

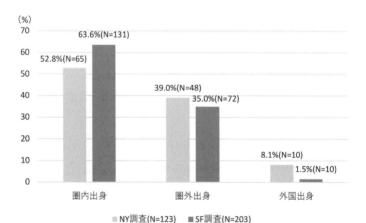

図2-4　回答者の出身地（N=329）

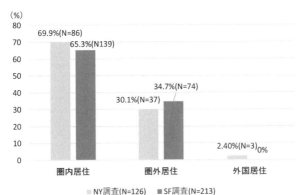

図 2-5　回答者の居住地（N=339）

考えられる。

　さらに出身地と居住地について，いずれにも回答されたデータについて，クロス集計を行った結果が，表 2-3 と表 2-4 である。NY調査では，出身地と居住地をいずれも回答した 114 名のうち 22 名が外国をふくむニューヨーク市圏外居住者である。同様に SF 調査では，

表 2-3　回答者出身地・居住地（N=111）※圏外居住に外国居住 3 名を含む

NY 調査	圏内居住	圏外居住	合計
圏内出身	60	4	64
圏外出身	32	18	50
合計	92	22	114

表 2-4　回答者出身地・居住地（N=201）

SF 調査	圏内居住	圏外居住	合計
圏内出身	120	9	129
圏外出身	8	64	72
合計	128	73	201

201名のうち73名がベイエリア圏外の居住者である。このことから調査データは，調査に回答されたドッグパークを日常的に利用する住民だけではなく，圏外出身者と来訪者をふくむものである。

3-5. 回答者の年収

　回答者の年収は調査実施時点の日本円換算[2])で，NY調査では「501～1000万円」がもっとも多い。SF調査では「1501万円以上」がもっとも多い。収入なしには専業主婦や学生が含まれていることが考えられることから，アッパーミドルクラス以上の回答者が多いことがわかる。回答者の社会経済的位置は，全米でもっとも地価が高いと考えられる（Brandt 2019）ニューヨーク市，サンフランシスコ市とバークレイ市での調査であることを考慮しなくてはならない。

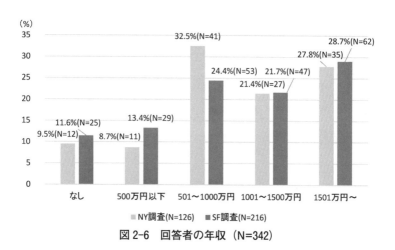

図2-6　回答者の年収（N=342）

3-6. 回答者の住宅様式

　回答者の住宅様式は，「アパート賃貸」（NY 調査 57.0 ％，SF 調査 44.8％）がもっとも多い。以下「戸建所有」「集合住宅所有」または「戸建賃貸」「親の家」「親戚の家」となる。

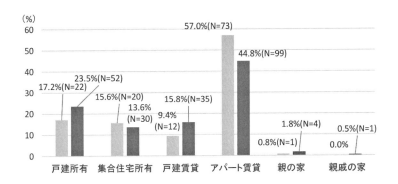

図 2-7　回答者の住宅様式（N=349）

3-7. 回答者の住宅間取り

　住宅の間取りは飼育環境として重要な変数である。また同時に家族の形態を空間的に表現している。回答者の住宅間取りは，「2～3 ベッドルーム」（NY 調査 55.9％，SF 調査 56.8％）が半数以上となる。「ワンルームまたは 1 ベッドルーム」（NY 調査 37.8％，SF 調査 32.4％）と続き，「4 ベッドルーム以上」は少ない。前述のように調査地であるニューヨーク市および，サンフランシスコ市を中心としたベイエリアは全米でもっとも地価が高い。回答者の約 3 割は調査地への訪問者である。このことを考慮しても，住環境として制約があるこ

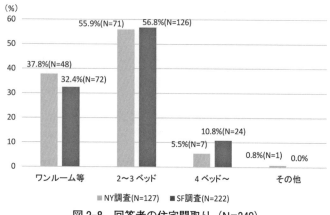

図 2-8　回答者の住宅間取り（N=349）

とがわかる。

3-8. 回答者の家族規模

　ここでは回答者を含めた同居者数合計を質問した。住宅様式と間取りにくわえて，同居者数も飼育に関する重要な変数である。それは飼育動機の個人的かつ重要な部分を表現していると考えられるからである。もっとも多いのは 2 名の家族（NY 調査 57.9%，SF 調査 52.1%）である。この家族は母子または父子からなる家族ではないとは言い切れないが，多くは子どものいないカップルと考えられる。この場合はペットを子どもに代わるような位置づけで飼育していると考えられる。1 人世帯（NY 調査 19.0%，SF 調査 20.7%）は，SF 調査回答では 70 代および 60 代がそれぞれ 4 名含まれているが，その他ほとんどは若年層，中年層である。これらの家族ではペットをもう 1 人の家族として位置づけ飼育していると考えられる。3 名以上

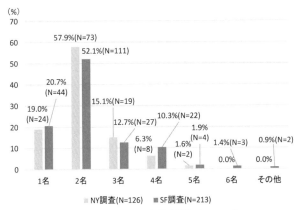

図 2-9　回答者の家族規模（N=339）

の家族では子どもがおり，ベックのいう（Beck and Katcher 1996=
2002：63），子どもにとってよい影響をもたらすコンパニオン・ア
ニマルとして飼育していると考えられる。それぞれの家族規模にお
いて異なる飼育の動機があると解釈できる。

3-9.　回答者の飼育経験年数

　飼育経験年数は，回答者がだれから飼育に関する知識を得ている
か，ペット友人がいるか，ペットを飼育することに適した場所に対
する説明変数である。NY 調査では飼育年数平均は 2.6 年，中央値
2 年であった。SF 調査では飼育年数平均 2.2 年，中央値 1.3 年であ
った。わずかではあるが NY 調査結果の方が飼育経験は長い。カテ
ゴリーとしては「3 年以下」（NY 調査 75.8％，SF 調査 82.1％）がも
っとも多い。飼育経験が短い飼い主が飼い犬を飼育しているという
実態をみることができる。

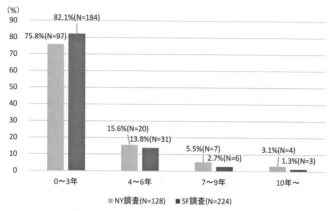

図 2-10　回答者の飼育経験年数　（N=352）

3-10. 飼い犬の犬種

　飼い犬の犬種は飼育のしやすさ，しにくさと大いに関係がある。ベックらは大型犬が深刻なかみつきの被害をもたらす可能性がある

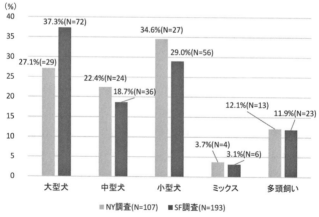

図 2-11　飼い犬の犬種　（N=300）

ことから，都市においては小型犬を推奨している（Beck and Katcher 1983＝1994：74）。また犬種は住居の広さとも関連する。NY調査では小型犬がもっとも多く（34.6％），大型犬（27.1％），中型犬（22.4％）の順である。SF調査では逆に大型犬（37.3％）がもっとも多く，小型犬（29.0％），中型犬（18.7％）という順である。ミックスの犬種はいずれも3％程度であり，少ない。多頭飼いは，NY調査12.1％，SF調査11.9％である。

3-11. 回答者の飼育頭数

　ベックとカッチャーは都市における犬にはかみつきなど特有の問題があると論じる。この問題を解決するためには，都市での飼い犬の総数コントロールが必要だという。彼らはさらに2頭以上の飼い主に対しては，特別な評価体制によるライセンスが必要だと主張する（Beck and Katcher 1983＝1994：74）。このように多頭飼いには飼

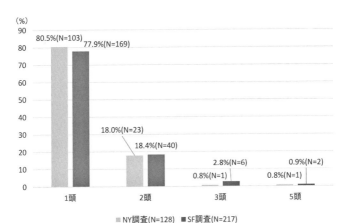

図2-12　回答者の飼育頭数（N=345）

い主が解決すべき課題がある。調査結果からは「1頭」（NY 調査
80.5％，SF 調査 77.9％）が圧倒的に多く，多頭飼いは少ない。後述
するクロス集計結果では多頭飼いは，中型犬と小型犬のみであり，
大型犬の多頭飼いはいなかった。

4. 飼い犬と飼育

4-1. 飼い犬の年齢

　犬齢は日常的な散歩頻度や散歩時間を左右する。さらに旅行時に
飼い犬を連れて行くことができるかなど，家族のライフスタイルに
も影響をおよぼす。高齢になると新たなケアニーズをもたらすとい
う点で重要な説明変数である。NY 調査では平均 4.6 才，中央値 3.0
歳，標準偏差 3.8 である。SF 調査では平均 5.3 才，中央値 5.0 才，
標準偏差 3.4 であった。ペット総合コンサルタントである勝俣和悦
によれば，犬の年齢は大型犬，中型犬，小型犬で異なるという。大

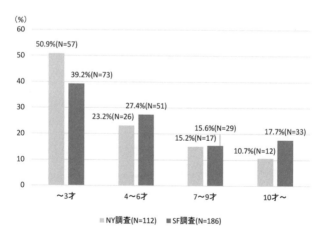

図 2-13　飼い犬の年齢　（N=298）

型犬は小型犬に比べて短命である。犬の3才は大型犬にとっては人間の29歳，中型犬にとっては27歳，小型犬は26歳であるという。青年期というべき時期である。犬の4才から6才は，人間では大型犬34〜47歳，中型犬31〜41歳，小型犬30〜38歳，青年後期であろうか。犬の7才から9才は人間では大型犬54〜68歳，中型犬46〜56歳，小型犬42〜52歳，中年前半期であろう。10才以上は人間では大型犬68歳，中型犬56歳，小型犬52歳であり，中年後期から老年期であろう（勝俣 2008：141-3）。

　飼育経験年数平均では NY 調査結果の方が，年数が長かったが，犬齢では SF 調査の方が高かった。飼育年数は「3年以下」（NY 調査75.8％，SF 調査82.1％）がもっとも多かったが。一方で飼い犬の犬齢は，3才以下がもっとも多いものの，4才から10才以上に分散している。このことは生後間もない子犬を育てているよりも，ある程度成長した犬を飼い犬として，うけいれていることがわかる。

4-2. 餌の種類

　疫学的な視点からはどのような餌を与えているかは，重要な説明変数である。特に飼い犬への歯周病伝播を扱う本書においては，伝播の原因の一つと見なしうる。いずれの調査においても，固形ドッグフード（NY 調査89.0％，SF 調査79.7％）を餌として与えるという回答がもっとも多かった。勝俣によれば固形ドッグフードは水分が少なく約10％以下で，原材料を混合し乾燥，膨張させたものを固形化している。変性，劣化，腐敗，酸化を起こしにくく，開封後であっても常温保存に適している。水分の多いソフトドライタイプ，セミモイストタイプ，ウエットタイプは，ドライタイプに比べ保存，

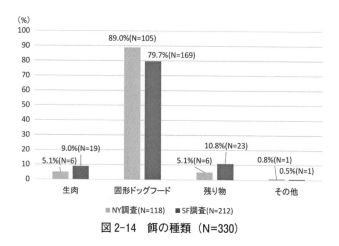

図 2-14　餌の種類 (N=330)

品質保存で劣る。(勝俣 2008：83)。少数の回答としては特別に調合
された餌や，肉類を使用しない餌を与えているという回答があった。

4-3. 飼育の分担

　家族内でどのように飼育を分担するかは，職業や就業形態，家族
規模によって決められる。このことは家族のライフスタイルの表出
ととらえていい。「自分が主なケア担当者」であるという回答（NY
調査 63.5％，SF 調査 75.9％）がいずれの調査でももっとも多い回答
である。その他の回答としては，「自分と家族員が分担する」と「自
分以外の家族員が担当する」という回答があった。「自分以外の家
族員が担当」という回答者は，飼い犬の散歩だけを担当していると
いうことになる。子どもがいる核家族であっても，ケア担当は一部
の家族員が担っていることがわかる。

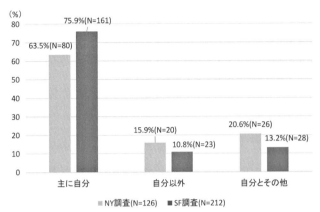

図 2-15　主なケア担当者（N=338）

4-4. 飼い犬の就寝場所

　就寝場所はコンパニオン・アニマルとして，飼い主との親密性を測る変数の一つである。14 年調査からこの質問項目を加えた。いずれの調査地でも，飼い主が飼い犬と「ベッドを共用している」という回答がもっとも多い。次に多いのは室内の「床」に寝ているという回答である。続いて犬専用のベッドなどをふくむ「その他」という回答である。ベッドを共用しているという回答が多いことから，コンパニオン・アニマルとして親密性が高いことがわかる。アメリカ人ジャーナリストであるシェーファー（Michael Schaffer）によれば，2006 年の調査では屋外で眠る犬はわずかに 13％であると報告している。本書での結果も同様の値となっている。シェーファーもこの結果が愛情によるものと解釈している（Schaffer 2009：169）。その一方でもっとも親密性が低いと考えられる「屋外犬舎」は，いずれの調査地でも 2 名と 3 名であり，「不定である」という回答ととも

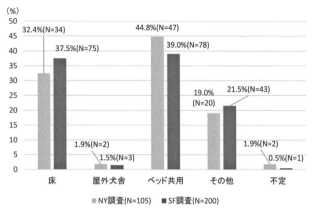

図 2-16　飼い犬の就寝場所（N=305）

に極めて少ない。

4-5. 飼い犬との食器共用

　どのような餌を与えるかにくわえて，飼い犬との食器（Table ware）を共用しているかは歯周病伝播の説明変数となる。

　14 年調査から，飼い犬と食器を共用しているかという質問をくわえた。多くの回答者が共用していない（NY 調査 81.7%，SF 調査 82.2%）と回答している。一方で 6 分の 1 程度が共用していると回答している。このことに起因する歯周病菌共有事例については 4 章にて示す。

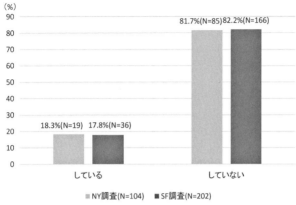

図2-17　食器の共用（N=306）

5.　飼育実践を支える諸要因と散歩

5-1.　飼育に必要な施設等

　飼育の実践は飼い犬と飼い主の関係だけで完結するものではない。さまざまな社会資本利用やサービスの消費を通じて行われている。そこで飼育のうえでもっとも重要な施設（Facility）について尋ねた。もっとも多い回答は公園（NY調査70.9%，SF調査73.9%）であった。その他の回答としては動物病院（NY調査22.0%，SF調査17.0%）である。ペットホテルが必要であるという回答については，6-1.「旅行時の預け先」で示す。回答者の約7割が飼い犬ともに利用する公園がもっとも飼育に必要と考えている。

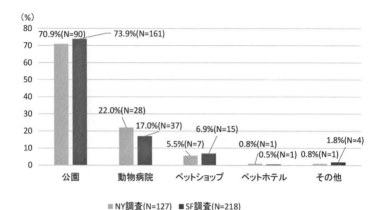

図 2-18　飼育に必要な施設（N=345）

5-2. 飼い犬との散歩頻度

　散歩については，飼い主の雇用状況やライフスタイル，家族構成，犬齢など様々な変数により説明が可能であろう。さらに散歩の実施

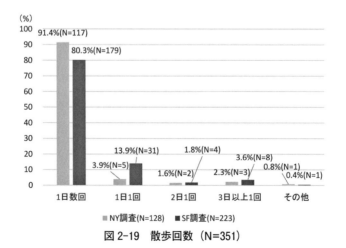

図 2-19　散歩回数（N=351）

については，散歩回数と散歩時間の点から分析をしなくてはならない。ここではまず散歩の頻度または回数についてみることにする。「1 日に数回散歩をする」という回答（NY 調査 91.4%，SF 調査 80.3%）がもっとも多い。給餌の後または，朝・昼・夜などに複数回飼い犬との散歩を行っている。飼い犬のまたは飼い主の運動不足解消だけでなく，尿や糞を排泄する機会を複数回もっている。

5-3.　飼い犬との散歩時間

　一方で，散歩時間はどうだろうか。実数で回答を求めたところ，NY 調査では，最短 3 分最長 180 分，平均は 58 分，中央値は 45 分であった。SF 調査では，最短 2 分最長 240 分，平均は 56 分，中央値は 60 分であった。180 分という回答の場合，家族が交代で朝昼夜とそれぞれ 60 分の散歩をすれば可能である。この結果を 30 分単位でカテゴリー化すると，NY 調査では「31 分以上 60 分以下」（NY

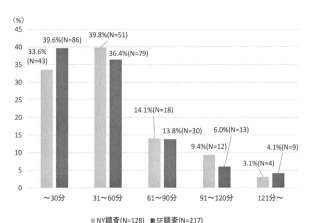

図 2-20　散歩時間（N=345）

調査 39.8％，SF 調査 36.4％）がもっとも多く，SF 調査では「30 分以下」（NY 調査 33.6％，SF 調査 39.6％）がもっとも多い。必要とされる散歩時間について，勝俣は大型犬では 1 日 60 分の散歩を 2 回，小型犬，中型犬では 1 日 10 分から 30 分を 1，2 回ぐらいが必要であるという（勝俣 2008：140）。合計時間とすれば大型犬は 120 分，中型犬，小型犬では 10 分から 60 分が必要となる。調査結果からは，調査全体では約 33％である大型犬は，散歩時間が不足している。中型犬，小型犬では必要な散歩時間をみたしている。

6. ペット友人とのコミュニケーション
6-1. 旅行時の預け先など

　3-8. 回答者の家族規模で示したように，もっとも多かったのは 2 人で暮らす回答者（NY 調査 57.9％，SF 調査 52.1％）である。その他には単身で暮らす回答者（NY 調査 19.0％，SF 調査 20.7％）が含まれている。両者を合わせると，回答者全体の約 4 分の 3 程度になる。残りの 4 分の 1 は子どもやその他の親族等と暮らしている。飼い主が旅行に出かける場合には，飼い犬をどのように遇するのであろうか。このことを考える時，回答者が調査地への来訪者であるかそうではないかを，考慮する必要がある。来訪者である回答者はエリア外から調査地を来訪しているから，飼い犬を連れて移動していることになる。このような回答者が NY 調査では 126 名のうち 40 名(31.2％) 含まれている。SF 調査では，203 名のうち 74 名（37.1％）が来訪者である。ここでは来訪者を除いた回答者が，旅行時にはどのように飼い犬を遇しているかを示す。もっとも多い回答は「友人や近隣に預ける」（NY 調査 42.9％，SF 調査 43.7％）である。その他の預

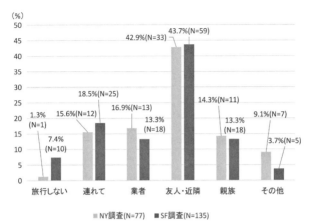

図 2-21　旅行時の預け先（N=212）※来訪者を除く

け先としては業者（Pet-keeping facility）と親族があげられている。

6-2.　ペット友人の有無

　6-1. では旅行時には友人や近隣が, もっとも多くあげられていた。
飼い犬を預ける友人や近隣とは, 飼い犬にとってもっともリスクの
少ない選択肢であろう。いくら友人関係があり, 近隣に住んでいる
としても, 犬を飼ったこともない友人や近隣に預けることはないだ
ろう。こうした友人や知人はペットを介した友人としての, ペット
友人とみることができる。回答者がペット友人（Pet-related
friends）を持っているかを尋ねた[3]。「ペット友人がいる」という
回答は NY 調査では82.8%, SF 調査では76.6%である。「わからな
い」という回答は, 家族で飼育を分担している場合に, 自分はペッ
ト友人について知らないが, 他の家族員が知っているという場合が
考えられる。6-1. の飼い犬預け先としての友人や近隣は, ここでの

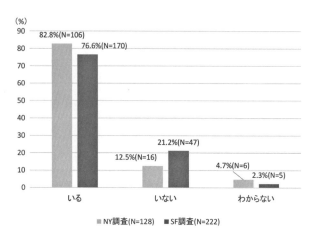

図 2-22　ペット友人の有無　(N=350)

ペット友人であり，互酬的に預け合うことも考えられるだろう。

6-3. ペット友人との出会い

　次にペット友人とどのように出会ったのかを示す。ペット友人が
いる回答者のみを対象として，どこでまたはどのように（Where or
how）ペット友人とであったかをたずねると，「ドッグパークなど
の公園にてペット友人と出会った」（NY 調査 81.0％, SF 調査 58.4％）
がもっとも多く回答されていた。公園は飼い犬を預けうる，飼い犬
にとってリスクの少ないペット友人との出会いの場である。ここま
での単純集計では，NY 調査結果と SF 調査結果ではほぼ同様の傾
向を示していたが，ペット友人との出会いについては，割合の差が
ある。このことは SF 調査結果において「その他」（NY 調査 12.4％,
SF 調査 24.9％）という回答が多い。その他には，新聞，雑誌，SNS,
動物病院などをふくむ。この点についてはこれ以上明らかにするこ

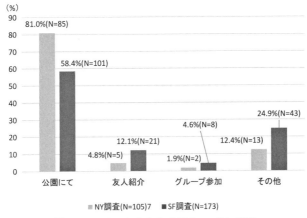

図 2-23　ペット友人との出会い（N=278）

とはできなかった。しかしながら NY 調査回答者に比べて，SF 調査回答者にとっては，公園以外にもペット友人との出会いの機会があることがわかる。

6-4. ペット友人とのコミュニケーション

　つづいてドッグパークで出会ったペット友人とは，どのような話題になるのであろうか。飼い犬にとってリスクのもっとも少ない預け先であると確認するためには，どのような会話を通じての確証を得るのであろうか。もっとも多い回答は飼い犬の飼育方法（How to keep Dogs）（NY 調査 57.1％，SF 調査 50.3％）である。飼育方法について話すことは，飼育体験や具体的な問題解決方法について語ることであり，子どもの場合の教育観に似た飼育観を語ることでもある。こうした点について語ることにより，飼い犬の預け先としてもっともリスクが低いと考えるのである。このような確証を得るうえでは，

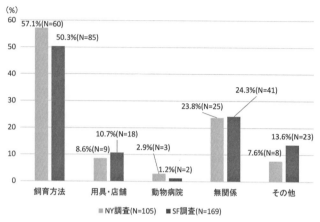

(%)

60
57.1%(N=60)
50.3%(N=85)
50
40
30
24.3%(N=41)
23.8%(N=25)
20
10.7%(N=18)
13.6%(N=23)
8.6%(N=9)
2.9%(N=3)
10
7.6%(N=8)
1.2%(N=2)
0
飼育方法　　用具・店舗　　動物病院　　無関係　　その他

■NY調査(N=105)　■SF調査(N=169)

図 2-24　ペット友人との話題（N=274）

犬種やサイズ，犬齢の類似が大前提となるだろう。これらが異なる場合には，飼育方法をめぐるコミュニケーションがそもそも成り立たないであろう [4]。回答選択数は少ないが用具や店舗についてもある程度同様のことがありうるだろう。一方で飼い犬とは無関係の話題（Nothing related to Dog）（NY 調査 23.8%，SF 調査 24.3%）が回答されている。これらは公園でのとりとめない雑談となるのだろう。

7. 飼育実践と意識

7-1. 飼育についての知識源

前述のように回答者はペット友人と飼育方法について話している。ペット友人との対面的な関係以外にも，飼育に関する知識（Knowledge about dog sitting）を得る回路は存在するだろう。もっとも多い回答はペット友人から（NY 調査 40.3%，SF 調査 31.5%）である。6-4. コミュニケーション内容で示したように，回答者の半数はペット友人

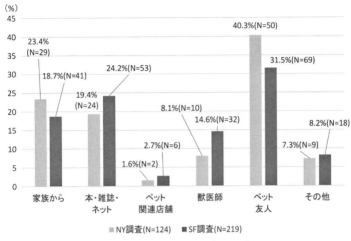

図 2-25　飼育知識源 （N=343）

とは飼育方法について話していると回答している。飼育知識については，ペット友人以外にも各種の選択肢が存在しているのである。自分の家族や本・雑誌・インターネット，獣医師であり，飼育知識の入手先としてのペット友人は相対化されてしまう。

7-2. 飼い主のマナー

　一方で自らにとって受け入れられない，悪いマナーの飼い主についてはどうだろうか。前述のペット友人が飼い犬にとってもっともリスクが少ない存在であるとすれば，悪いマナーの飼い主はもっともリスクの多い存在である。もっとも多い回答は「排泄物の処理をしない」（NY 調査 43.2%，SF 調査 40.9%）である。排泄物の処理はドッグパークの利用ルールや市の保健コードにも最重要な項目として記載されている。筆者が目にした限りでは，ドッグパークにおい

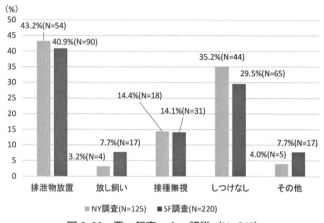

（％）

図 2-26　悪い飼育マナー認識（N=345）

て，排泄物が放置されていることはなかった。回答者はドッグパー
ク以外をも視野に入れて，回答をしたと思われる。次に「しつけを
していない」（Never discipline）[5]（NY 調査 35.2％，SF 調査 29.5％）
がある。さらに「予防接種をしていない」（NY 調査 14.4％，SF 調査
14.1％），放し飼い（Always lets a dog run lose）（NY 調査 3.2％，SF
調査 7.7％），その他が回答されている。飼い犬にとってもっともリ
スクがあるという点からすれば，飼い犬の犬齢や犬種は，回答選択
におおいに影響するだろう。

7-3. ペットフレンドリーなコミュニティのイメージ

　飼い犬の飼育にもっとも適した場所（The best location to keep a
dog）について質問した。80％を超える回答者が「広い公園または
空間が近い場所」（A place with a large park or space nearby）（NY
調査 86.6％，SF 調査 80.8％）を選択した。「ペット友人が近くに住む

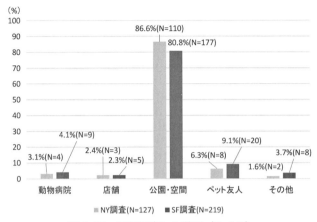

図 2-27　飼育に適した場所（N=346）

場所」（A place with "pet-friends" nearby）（NY 調査 6.3％，SF 調査 9.1
％）を選択したのは 10％を下回る。多く回答された広い公園や空
間は前述のペット友人の存在と，切り離された空間ではないと考え
ている。ここまでの回答をみる限り，ペットフレンドリーなコミュ
ニティはペット友人の存在を前提とした公園や空間と考えられる。
ペット友人は近くに住んでいるよりも，公園などで接触を持つ存在
である。

8. 歯周病とそのケア

8-1. 歯周病ケアの実施

本書ではコミュニティ疫学調査として，人獣共通感染症としての
歯周病に注目している。回答者が飼い犬の歯周病ケアをしているか
について質問した。「ケアをしている」（NY 調査 71.8％，SF 調査
60.8％）が多い。「していない」（NY 調査 21.8％，SF 調査 27.2％）で

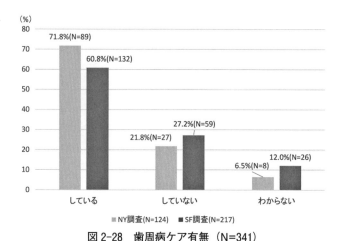

図 2-28　歯周病ケア有無（N=341）

ある。「わからない」という回答は，自分は散歩だけを分担しており，自分以外の家族員がしているかどうかわからないという意味の回答であろう。

8-2. 歯周病ケア頻度

　歯周病ケアの実施有無については，それぞれ 70％，60％が実施していると回答している。効果あるケアであるためにはどの程度の頻度で実施されているかが問題である。あまりに頻度が低ければ効果は期待できないであろうし，飼い犬のサイズによっては頻繁なケア実施は困難であろう。もっとも多い回答は「月 1 回または数か月に 1 回」（Once a month or more）（NY 調査 38.2％，SF 調査 37.3％）である。この頻度では予防効果は期待できないと思われる。順に週1 回，週数回，毎日と回答が続いている。もっとも頻度が高い毎日（NY 調査 13.7％，SF 調査 11.8％）が 10％程度であり，全体として効果の

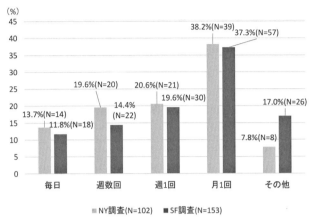

図 2-29　歯周病ケア頻度（N=255）

あるケアがされているとは考えられない。手軽な歯周病ケアプロダクツが必要とされる実態を見ることができる。

8-3. 歯周病ケアの方法

　つづいて，どのような方法を用いて，飼い犬の歯周病ケアを行っているかを質問した。ブラッシング（NY 調査 42.6％，SF 調査 48.1％）という回答がもっとも多かった。獣医師からのアドバイスによる方法（NY 調査 20.2％，SF 調査 14.9％）が続いている。犬用ガムはこれらの選択肢のなかでもっとも簡便な方法とみることができる。

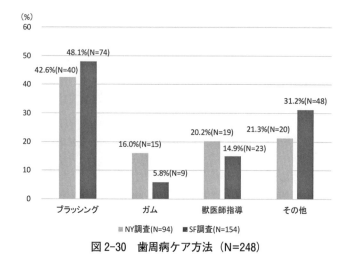

図 2-30　歯周病ケア方法（N=248）

8-4. 飼い主の歯周病保持

　飼い主から飼い犬への歯周病伝播の場合，飼い主や他の家族員が歯周病であるかは重要な変数である。歯周病ではない（NY 調査78.7％，SF 調査73.4％）という回答は多いが，にもかかわらず菌を保持している，または他の家族員が歯周病であることがありうる。この点については回答者の年齢も考慮しなくてはならない。逆説的ではあるが，歯周病である回答者（NY 調査12.3％，SF 調査9.0％）の方が，飼い犬への伝播の恐れがあることさえ知っていれば，リスクは低くなる。

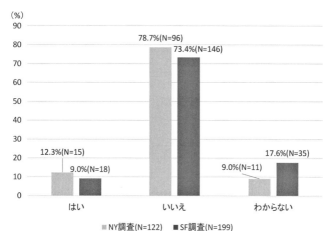

図 2-31　飼い主の歯周病菌保持（N=321）

【注】

1）　ニューヨーク圏としてはニューヨーク市および隣接するニュージャージー州とした。サンフランシスコ圏としてはサンフランシスコ湾に面する，サンフランシスコ市，バークレイ市，オークランド市とした。

2）　調査を実施した 2013 年から 2018 年の間にドル円相場は 1 ドル 97 円から 120 円の間で推移している。ここでは 1 ドル 100 円と仮定して換算した。

3）　1 人の回答者から，ほとんどの飼い主はペットを介した友人がいるから，「ペット友人」というカテゴリー化は日本的だと指摘を受けた。

4）　この点は日本でのいわゆる「ママ友」の関係によく似ている。

5）　質問文の discipline について，虐待は含まないのかという確認の問い合わせがあった。

3 章

飼育実践の違いはどこから

──家族規模か，職業か，ペット友人の有無か

1．前著でのファインディングス概要とクロス集計

　前著（大倉 2016：58-94）において示したクロス集計結果から，特徴的な変数間の関連をいくつかとりあげてみよう。

・飼い犬の就寝場所

　犬種と飼い犬の就寝場所（N=33）どの犬種でも就寝場所は「決まっていない」が多い。

・飼育に必要な施設

　犬齢と必要な施設（N=71）　犬齢にかかわらず公園であるという回答がもっとも多い。その他には動物病院がある。

　住宅様式と必要な施設（N=71）　住宅様式にかかわらず公園であるという回答がもっとも多い。その他には動物病院がある。

　住宅間取りと必要な施設（N=69）　住宅間取りにかかわらず公園であるという回答がもっとも多く，その他には動物病院含む。これら3つのクロス集計結果からは，公園がもっとも必要であり，飼い犬の健康状態によっては動物病院が回答されている。

・散歩時間

　犬種と散歩時間（N=74）　大型犬では散歩時間が長く，小型犬では散歩時間が短い。

　犬齢と散歩時間（N=74）　犬齢に関係なく 60 分以下が多い。一方で犬齢にかかわりなく 90 分以上，120 分以上という回答もある。これら 2 つのクロス集計結果からは，散歩時間が犬齢ではなく，犬種サイズによって決めている回答が多いことがわかった。

・旅行時などの飼い犬預け先

　犬齢と預け先（N=65）　犬齢に関係なく友人・近隣が多い。同様に連れて行くという回答もある。3 才以下では，専門業者に預ける場合もあった。

・ペット友人とのコミュニケーション内容

　犬齢とコミュニケーション内容（N=67）　犬齢にかかわらず 飼育方法を話すという回答が多い。その他としては飼育に無関係な話題が回答されている。

・飼育に必要な知識をどこから得ているか

　飼い主年齢と知識源泉（N=70）　20 代から 50 代ではペット友人から飼育知識を得ているという回答が多い。

　犬齢と知識源泉（N=69）　犬齢に関係なく飼育知識をペット友人から得ているという回答が多い。

　必要施設と知識源泉（N=68）　飼育に必要な施設が公園・空間である場合は，飼育知識はペット友人から得ているという回答が多い。

動物病院で出会うペット友人から得るという回答もある。

・悪いと考える飼育マナー

　飼い主年齢とマナー（N=63）　30代では排泄物放置が悪いと考え，40代ではしつけをしていないが多い。

　犬種とマナー（N=65）　大型犬と中型犬では排泄物放置としつけにわかれる。小型犬も同様だが加えて接種無視が含まれる。

　犬齢とマナー（N=62）　犬齢3才以下で排泄物放置と回答し，4〜6才でしつけ，7才以上では排泄物放置と回答している。

　知識源泉とマナー（N=63）　ペット友人から知識を得ている回答者では排泄物放置としつけなしにわかれた。

　これら4つのクロス集計結果からは，悪い飼育マナーとして排泄物放置としつけをしていないことが認識されている。

・飼育に必要な施設とペットフレンドリーなコミュニティ

　必要施設とペットフレンドリーなコミュニティ（N=68）　必要な施設が公園であり，ペットフレンドリーなコミュニティのイメージも公園と回答されている。飼い犬の健康状態が悪く必要な施設が動物病院であっても，ペットフレンドリーなコミュニティは公園と回答されている。

・飼い犬の歯周病ケア実施有無

　飼い主年齢と歯周病ケア（N=69）　いずれの年齢層でもケアを実施していると回答されている。

　犬齢と歯周病ケア（N=69）　低い犬齢でケアを実施しているとい

う回答が多い。

・歯周病ケア頻度

　犬種とケア実施頻度（N=51）　小型犬では頻度が高く，大型犬では低い。

　この章では大倉（2016）による上記の知見を，2017年，2018年調査データを加えた，2013年，2014年，2017年，2018年調査データ全体から再検討を試みる。また，合計4回にわたる調査データ全体から新たに示された知見についても明らかにする。これらの知見と前著データ再検討について，以下の3つの分野にわけて分析を試みる[1]。

① 飼育に関する内容　　飼い主の状況と飼育実践，飼育マナー意識について分析を試みる（2節，3節，4節）。
② 歯周病　　飼い犬の歯周病予防，飼い主の歯周病菌保持について分析を試みる（5節）。
③ ペットフレンドリーなコミュニティ　　飼い主にとっての飼育しやすさ特性について分析を試みる（6節）。

2. 飼育に関する内容

　ここでは，飼い主の属性やその他と飼育実践について検討する。具体的には「飼い主の年齢と飼育経験年数」「多頭飼い」「犬齢」「与えている餌の選択」「飼い犬との食器共用」「飼い犬の就寝場所」「散歩回数」「散歩時間」「旅行時の預け先」の関連である。これらの変

数間の関連をとらえることにより，どのような飼い主がどのように
して飼い犬を飼育しているか明らかにする。

A. 飼い主の飼育経験年数

　飼い主の飼育経験の長さは，飼い犬の健康状態や飼育実践にかか
わる変数である。この変数を「飼い主の年齢」「多頭飼い」「住宅」
との関連で分析する。

2-1. 飼い主の年齢と飼育経験年数

年齢が高い飼い主は，飼育経験年数が長い

　まず333票について飼育経験年数と飼い主の年齢の関連について
検討してみよう。単純集計結果からは，NY調査では75.8％，SF
調査では82.1％が飼育経験年数「3年以下」と回答している。図
2-9で示したように，飼育経験年数「4年以上」は全体では20.2％
しかいないにもかかわらず，「40歳以上の飼い主」が多い。単純集
計結果では飼育年数が短い飼い主が多いと結論したが，数少ない飼
育年数が長い飼い主は40歳以上に多くみられる[2]。

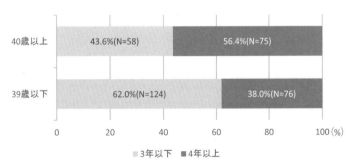

図 3-1　飼い主の年齢と飼育経験年数（N=333）

B. 飼育頭数・多頭飼い

2-2. 飼い主の年齢と飼育頭数・多頭飼い

飼い主の年齢と飼育頭数・多頭飼い

飼い主の年齢と飼育頭数の関連についてはどうだろうか。特に多頭飼いについてクロス集計したところ，多頭飼いは「40歳以上」の飼い主に多くみられた[3]。2-1.の結果とあわせると，多頭飼いは「40歳以上」飼育経験が長い飼い主に集中していると考えられる。大都市での多頭飼いには，特別な実態評価・犬舎状況・ライセンスが必要と論じるベックらの議論（Beck and Katcher 1983=1994：74）に沿う結果となっている。飼育経験年数と多頭飼いについては有意ではなかった。

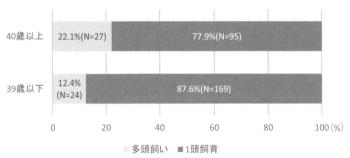

図 3-2　飼い主の年齢と飼育頭数（N=315）

2-3. 住宅所有と多頭飼い

多頭飼いは持ち家で多い

住居が賃貸か所有であるかと多頭飼いには関連があるのだろうか。ここでは一戸建て，集合住宅のどちらであっても，所有か賃貸かと

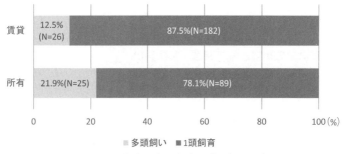

図 3-3　住宅所有と飼育頭数（N=322）

飼育頭数の関連についてクロス集計を行った。2-2. 飼い主の年齢とのクロス集計結果では，40 歳以上に多頭飼いが多くみられた [4]。30 代以下では賃貸住宅が多く，40 代以上で住宅所有が多いだろう。また多頭飼いに必要な空間についても賃貸よりも広いことが考えられる。クロス集計結果は住宅所有において多頭飼いが多くみられた。一方で住宅の広さと多頭飼いについては有意ではなかった。

C．飼い犬の犬齢

飼い犬は，犬種によって差異があるが，飼い主の 5 倍の速度で加齢する。飼育に関して重要な変数である。この変数を飼い主の「年齢」「飼育経験年数」「収入」により分析する。

2-4．飼い主の年齢と犬齢
飼い主の年齢が高いと，飼い犬の犬齢も高い

2-1. からは飼育経験が短い飼い主が多いことがわかった。高い犬齢の飼い犬の飼い主は飼育経験年数が長いとは一義的には言い切れないだろう。子犬から育てるのではなく，譲渡などにより成犬にな

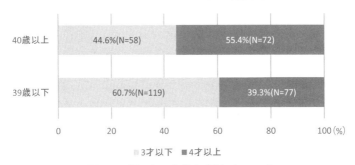

図 3-4　飼い主の年齢と犬齢（N=326）

ってから飼い犬となる場合がありうるからである。飼い主の飼育経
験年数が短くても，飼い犬の犬齢が高いことはありうる。では 4 才
以上の飼い犬の飼い主の年齢はどうなのだろうか。4 才以上の犬齢
の飼い犬は 40 歳以上の飼い主に多く飼われている。39 歳以下の飼
い主の 60.7％は 3 才以下の飼い犬を飼っている[5]。

2-5. 飼育経験年数と犬齢

飼育経験年数の長い飼い主が，犬齢の高い犬を飼う

　飼い主の年齢が高いほど，飼い犬の犬齢が高いことがわかった。
では飼い主の飼育経験年数と犬齢の関連はどうだろうか。飼育経験
は以前に飼っていた飼い犬が死んでしまい，新たに子犬を飼うとい
う場合も考えられる。単純集計の結果では，回答者 352 名のうち，
飼育年数は「4〜6 年」が 51 名，「7〜9 年」が 13 名，「10 年〜」が
7 名であった。飼育年数「3 年以下」の回答者の飼い犬は「3 才以下」
であり，飼育年数「4 年以上」の回答者の飼い犬は「4 才以上」で
ある[6]。このことは多くの回答者が，初めて飼った飼い犬を飼育し
ていることを示している。もちろん，親と共に過ごしていた時に，

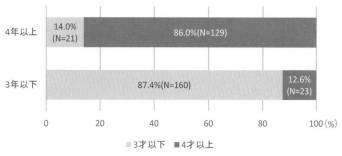

図 3-5　飼育年数と犬齢（N=333）

飼育していたという回答者も含まれているだろう。

2-6. 飼い主の収入と犬齢

収入の低い飼い主は，犬齢の低い飼い犬を飼育する

　2-5.のように年齢が高いほど飼育経験は長い。つぎに飼い主の収入と犬齢の関連について考えよう。アメリカにおいてもある程度は収入は年齢の上昇に従い上昇することが考えられる。収入についても，2-4.のように飼い主の年齢と同じことが言えるのだろうか。飼い主の収入が「500万円以下」では「犬齢3才以下」が多くなり，「501

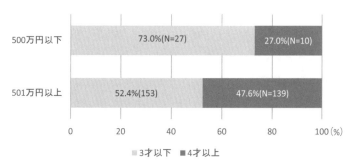

図 3-6　飼い主の収入と犬齢（N=329）

万円以上」では「犬齢4才以上」の割合が増える[7]。飼い主の年齢
と同様，収入についても同様な関連となった。

D. 与えている餌の種類

　勝俣によれば，餌およびおやつ代はペット飼育にかかる費用の
45.9％にあたるという（勝俣 2008：149）。「固形ドッグフード」「特
別に調製された餌」「生肉」「残り物」など，どのような餌を与えて
いるかは，飼い主との親密度やライフスタイルを示している[8]。こ
のことと「飼い主の年齢」「職業」「世帯の人数」との関連を検討し
よう。

2-7. 飼い主の年齢と餌種類

　　若い飼い主は，特別な餌よりも，固形ドッグフードを与えている
　2-4. では40歳以上の飼い主が4才以上の飼い犬を飼っている割
合が多いことがわかった。与えている餌の種類についても，飼い主
の年齢と関連がみられる。犬齢が上がるにしたがい，健康維持のた
めまたは治療のため市販の固形ドッグフードではなく，特別な調合

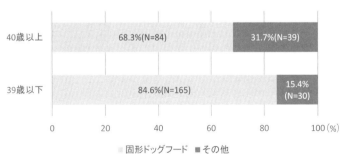

図3-7　飼い主の年齢と餌種類（N=318）

の餌，獣医師指示による餌を与える場合が考えられるだろう。39歳以下の飼い主では犬齢も低く固形ドッグフードを与えているという回答が多くみられたが，40歳以上の飼い主では固形ドッグフードを与えているという回答は少ない[9]。

2-8. 飼い主の職業と餌種類
給与所得者の方が，固形ドッグフードを与えている

飼育にかかるコストの約半分は餌代である。単純集計結果では，回答者全体の約65％が給与所得者である。その他としては，自営業が約14％，退職者が約8％と続いている。餌の選択は価格，給餌しやすさ，病気の場合には適したものなどという観点からなされるだろう。「給与所得者」の場合には，時間的制約から給餌しやすい「固形ドッグフード」が多く選択されていると考えられる。その他の「自営業」や「退職者」の場合はその他である「生肉」「残り物」「特別に調製された餌」などが，与えられている[10]。飼い主の収入と餌種類については有意ではなかった。

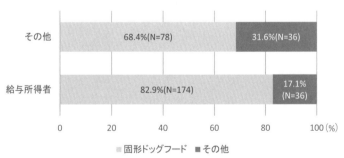

図3-8　飼い主の職業と餌種類 （N=324）

2-9. 世帯人数と餌種類

1人世帯では，固形ドッグフードではない，その他の餌を与えていることが多い

　飼い犬はコンパニオン・アニマルである。特に1人世帯においては，家族以上の親密な関係であると考えてよい。固形ドッグフードを与えているか，または飼い犬のニーズに合わせて様々な選択肢から餌を選ぶことは，コンパニオン・アニマルとしての重要性を示しているだろう。2人以上の世帯では固形ドッグフードを与えるという回答が多い。全体では大半が固形ドッグフードを与えているが，一部の飼い主は，高いコストが生じても最適と思う餌を選択している[11]。この点は子育てに対するこだわりとも似ている。

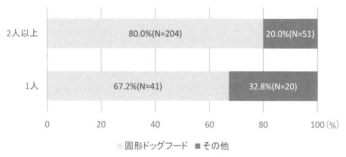

図3-9　世帯人数と餌種類（N=316）

E. 飼い主と飼い犬の食器共用

　ここでは飼い主と飼い犬の食器（Table ware）の共用について検討しよう。食器の共用といっても，飼い犬の利用した食器を，全く洗わずそのまま飼い主が利用することはないだろう。逆に飼い主が使った食器を洗わずに飼い犬に用いることはありうるかもしれない。

毎回使用後に洗ったとしても，飼い主用と飼い犬用をわけないことはありうるだろう。図2-17で示したように，回答者の約18％が飼い犬と食器を共用していると回答している。このことを「飼い主の飼育経験年数」「犬種」の関連から分析する。

2-10. 飼育年数と食器共用

食器の共用は飼育経験が長い飼い主に多い

　飼い犬との食器共用は，コンパニオン・アニマルとの親密な関係を示すものと考えられる。一方で飼い犬への歯周病菌伝播の原因にもなりうる。これまでの分析から，飼育年数が長いということは，飼い主の年齢は高く，飼育経験は長く，飼い犬の犬齢も高いことがわかっている。質問文での「食器」は Table ware であり，皿，スプーン，フォーク，ナイフのいずれまでを含んで，共用しているかは明らかではない。しかしながら，飼育年数が長い回答者の方が共用していると回答している [12]。共用による歯周病伝播に関する飼育知識は不足している。飼い主の年齢と食器共用は有意ではなかった。

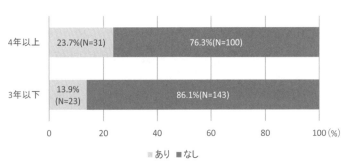

図 3-10　飼育年数と食器共用 （N=297）

2-11. 犬種と食器共用

大型犬の飼い主ほど食器を共用している

　前述の飼育年数では年数が長いほど，飼い犬との食器共用が多かった。では犬種と食器共用の関連はどうであろうか。結果は大型犬の飼い主の方が食器を共用している[13]。小型犬・中型犬のほうが大型犬に比べ，サイズの面で扱いやすい。扱いやすいから飼い主と食器を共用するという回答が多いことが考えられる。しかしながら結果は大型犬の飼い主の方が共用している。世帯人数と大型犬は有意ではなかったので，大型犬は1人世帯でも子どもがいる世帯でも飼育されている。だから特に1人世帯で，コンパニオン・アニマルとしての親密性が高いから，食器を共用しているわけではない。小型犬・中型犬よりも人間のサイズに近く共用しがちであるという意味で，小さな犬用ではなく家族が用いる食器を，共用しているのだろうと考えられる。犬齢と食器共用については有意ではなかった。

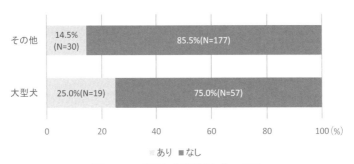

図3-11　犬種と食器共用　（N=283）

F. 飼い犬の就寝場所

2-12. 犬種と就寝場所

小型犬・中型犬の方が，飼い主とベッドを共用している

単純集計の結果では，飼い犬とベッドを共用するという回答がもっとも多かった。このことはコンパニオン・アニマルとしての親密性の高さであると論じた。では犬種と就寝場所の関連についてはどうであろうか。「大型犬」では「ベッド共用」が少なく，小型犬・中型犬の方が「ベッド共用」が多い[14]。このことは単純に大型犬というサイズの問題でベッドを共用できないということであろう。大型犬では前述のように，食器についてのみ共用しベッドについては共用していない。犬齢と就寝場所については有意ではなかった。

前著（大倉 2016：58）では犬種と就寝場所の関連について，どの犬種においても「床」「犬用ベッド」や「ソファー」など，一カ所に決まっていないという回答が多かった。ベッドを共用するというここでの結果とは異なっている。「ベッド共用」もここでの結果と異なり大型犬がもっとも多かった。

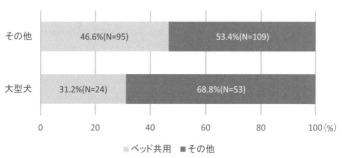

図 3-12　犬種と就寝場所（N=281）

2-13. ケア担当者と就寝場所

飼い犬は主にケアを担当している者と一緒に休む

　ケア担当者が回答者 1 人だけである場合と,「その他」または「回答者を含む家族」の場合では,飼い犬の就寝場所に違いがあるのだろうか。ケア担当者が「自分」である場合でも,単身世帯とは限らない。コンパニオン・アニマルとして親密な関係があり,「自分のみ」がケア担当者である場合には,飼い犬と一緒のベッドで寝ているという回答が多い [15]。コンパニオン・アニマルとしてではなく,家族の一人として受け止めていることがわかる。コンパニオン・アニマルとはここでは「寝床を共にする関係」が示される。ケア担当者が「その他」の場合では,飼い犬の就寝場所は「犬用ベッド」「床」「固定されていない」などの選択肢が回答されている。世帯人数と就寝場所については有意ではなかった。

　1 章の先行研究のレビューでは,飼い犬のコンパニオン・アニマルとしての位置づけについて,ベックらが両者の近さを論じている(Beck and Katcher 1996=2002：63)。2-10. から 2-13. で示した食器共用の実態や就寝場所からわかるように,コンパニオン・アニマル

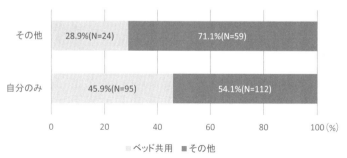

図 3-13　ケア担当者と就寝場所　(N=290)

として，飼い主と飼い犬の近さが読み取れる。一方でこのことはハラウェイが論じるように，両者の近すぎる関係が歯周病伝播リスクを増していることにもなる（Haraway 2008：74-92）。本調査データからはベックらとハラウェイの議論を支持する結果となった。

G. 1日の散歩回数

散歩は飼い犬の生理現象を促すだけではなく，ペット友人との関係やドッグパークへのアクセスなど，飼育実践において重要な変数である。1日の散歩回数と合計散歩時間をそれぞれ分けて検討することにする。ここではまず1日の散歩回数をとりあげる。

2-14. 飼い主の性別と散歩回数

男性の飼い主は散歩回数が多い

散歩は飼い犬の排泄を促進することから，1日に数回は必要と考えられる。男性の方が散歩回数は多く「1日数回」と回答している[16]。1人世帯の場合を除いて，男性が散歩を担当して，女性がそれ以外を担当するような，飼育の分業ということも考えられるだろう。散

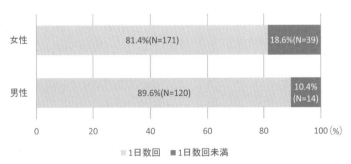

図 3-14　飼い主の性別と散歩回数（N=344）

歩回数は飼い犬の健康状態や，犬種サイズにも左右されるだろう。
飼い主の性別と散歩時間については有意ではなかった。また飼い主
の職業と散歩回数も有意ではなかった。

2-15. 飼い主の年齢と散歩回数

若い飼い主の方が散歩回数は多い

飼い主の年齢が上がるにしたがい，散歩の回数はどのように変化
するのだろうか。2-4. で示したように，飼い主の年齢が高いほど犬
齢も高かった。飼い主の年齢と散歩時間には有意差はみられなかっ
た。若い世代の飼い主は，散歩時間合計は少なくても，散歩回数を
多くとっている[17]。飼い犬にとって排泄をうながすという点で必
要な「1日数回」の散歩を実施している。「1日1回以下」すなわち，
「2日に1回」「3日以上に1回」という散歩頻度は，飼い犬が高齢
化し，頻繁な散歩を行うことができないという理由が考えられる。
高齢の飼い主が歩行困難という場合は，回答者全体で70代（11名），
80代（1名）が3％にすぎないことから考えにくい。

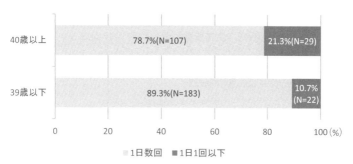

図 3-15　飼い主の年齢と散歩回数 （N=341）

2-16. 住宅所有と散歩回数

賃貸住宅に住む飼い主の方が，散歩回数は多い

2-15. で検討したように，飼い主の年齢が高いほど散歩回数は少なかった。では住宅所有との関連についてはどうであろうか。賃貸住宅に住む飼い主の方が，散歩回数は多い[18]。年齢が高いほど賃貸から所有に移行していることが考えられる。賃貸よりも所有の方が飼い主の年齢は高いと考えられる。飼い主の年齢も住宅所有も同様に散歩回数と関連している。もちろん小型犬の場合は家屋のなかで運動してれば，外に出て散歩する必要がない犬種もある。また小型犬や中型犬ならば，庭などで必要な運動をすることができる。住宅間取りと散歩回数については有意ではなかった。

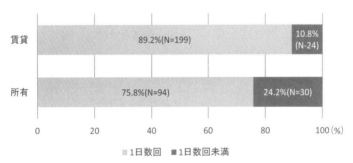

図 3-16　住宅所有と散歩回数 （N=347）

2-17. 飼い主の年収と散歩回数

年収の高い飼い主の方が散歩回数は多い

飼い主の年収と散歩回数の関連について検討してみる。年収は，退職者をのぞいて，ある程度年齢と比例する。2-15. で検討したように，若い世代の飼い主は散歩回数が多かった。これらの点について

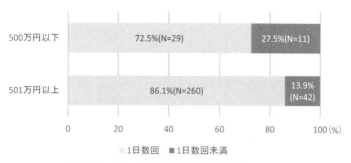

図 3-17　飼い主の年収と散歩回数（N=342）

は異なる結果となった。収入の多い回答者の方が散歩回数は多い[19]。早朝や夕刻など異なる時間帯に散歩の機会をもっているのであろうか。

2-18. 飼い主の学歴と散歩回数

学歴が高い飼い主ほど，散歩回数が多い

　飼い主の学歴と収入は相関関係にあると考えられるから，2-17.と同様の関連と考えられるだろう。学歴が高い・収入の多い飼い主は，「1 日数回」の散歩時間をもっている[20]。高い学歴により職業

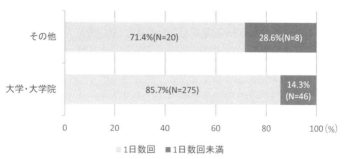

図 3-18　飼い主の学歴と散歩回数（N=349）

上の地位が高く，自由に利用できる時間が多い，仕事からの帰宅が早いことなどが考えられる。

2-19. 就寝場所と散歩回数

飼い犬とベッドを共用する飼い主は，散歩回数が多い

　飼い犬の就寝場所が「ベッド共用」は，コンパニオン・アニマルとして親密な関係のあらわれである。「ベッド共用」の飼い主の方が，「1日数回」散歩をしているという回答が多い[21]。散歩は飼い犬にとって運動のためであり，排泄の機会でもある。親密性の高さにより，飼い主は散歩回数を多くとっている。コンパニオン・アニマルをめぐるベックらとハラウエイの議論を支持する内容となっている。

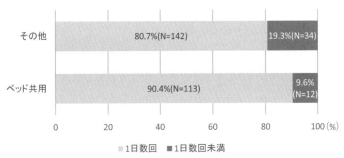

図 3-19　就寝場所と散歩回数　（N=301）

H. 散歩時間

2-20. 飼い主の学歴と散歩時間

学歴が高い飼い主は散歩時間が短い

　飼い主の学歴は散歩回数だけではなく，合計の散歩時間とも有意であった。高学歴の飼い主ほど散歩時間が短い[22]。2-18. と併せて

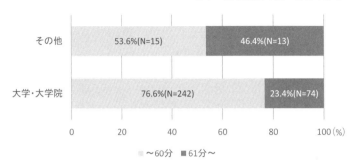

～60分　■61分～

図 3-20　飼い主の学歴と散歩時間（N=344）

考えると，高学歴の飼い主は散歩回数が多く，逆に散歩時間は短い。短い時間の散歩を多く行っていることがわかる。もっとも本調査での回答者は高学歴層に偏っているため，この知見には限界があると考えられる。職業と散歩回数，散歩時間はともに有意ではなかった。くわえて年齢と年収はいずれも散歩時間についても有意ではなかった。

前著（大倉 2016：63-5）では犬種と散歩時間の関連について，犬種にかかわりなく散歩時間は短いという回答が多かった。犬齢と散歩時間について，犬齢に関係なく散歩時間が短いこと，一方で犬齢に関係なく長い散歩時間の回答があった。ここでの結果は，犬種と散歩時間は有意ではなかった。

2-21．餌と散歩時間

固形餌を与える飼い主は，散歩時間が短い

飼い主が与えている餌の種類と散歩時間をクロス集計すると，「固形ドッグフード」を与えている回答者は，「その他の餌」を与えている回答者よりも散歩時間が短いことがわかる[23]。「その他の餌」

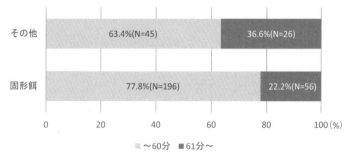

図 3-21　餌種類と散歩時間（N=323）

は家庭にあるので「固形ドッグフード」よりもコストの低いものである。餌にはお金はかけないが，必要な運動量を確保するために，61 分以上の長い散歩時間を確保していると考えられる。

2-22. ケア担当者と散歩時間

　　1 人で飼い犬のケアをしている飼い主は，散歩時間が短い

　ケア担当者が「自分のみ」である場合には，特にコンパニオン・アニマルとして親密な関係が読み取れる。散歩時間については「自分のみ」という回答者は「60 分以下」の散歩時間と回答している [24]。

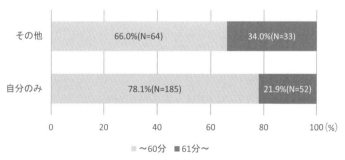

図 3-22　ケア担当者と散歩時間（N=334）

1人で飼育を行う場合には必要とされる十分な散歩時間を確保できていない。この点はケアを分担している飼い主の方が，よりよい飼育実践である。ケア担当者と「散歩回数」については有意ではなかった。

I. 旅行時の預け先

2-23. 飼い主の年齢と預け先

若い飼い主ほど，近隣・友人に飼い犬を預けている

旅行時に飼い犬をだれに預けるかは，飼い犬にとって飼い主以外のだれが，もっともセキュリティが高いかを問うことでもある。単純集計結果では，「近隣やペット友人」に預けるがもっとも多く，その他の回答としては「旅行に連れて出かける」「業者に預ける」「親族に預ける」という回答があった。40歳以上の飼い主の方が，居住歴も長く「近隣やペット友人」に預けることが多いと考えられるが，クロス集計の結果は30代の方が「近隣やペット友人」に預けている[25]。このことは世代によって，飼い犬のセキュリティが保たれる他者が異なるということである。40代以上の飼い主にとっ

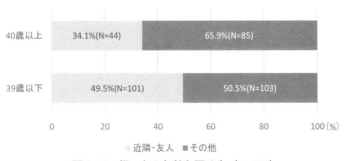

図 3-23　飼い主の年齢と預け先（N=333）

ては，犬齢の高い飼い犬の健康状態も関係するのか，「近隣やペット友人」にとっては大きな負担を掛けてしまうと，認識していると考えられる。飼い主の世帯人数と預け先は有意ではなかった。

　前著（大倉 2016：65-7）では飼い主の年齢ではなく，犬齢と預け先の関連について，犬齢にかかわりなく「近隣やペット友人」が多かった。またどの犬齢でも「旅行に連れて出かける」という回答，3歳以下では「業者に預ける」という回答があった。ここでの結果では犬齢と預け先については有意ではなかった。

　1章先行研究のレビューでは，ベックとカッチャーが1990年代以降，犬をペットとして飼うことが減少して，手のかからない猫が増えていると論じたことを指摘した。彼らによればペットの選択においては，仕事や旅行による外出の増加と不在を前提としている（Beck and Katcher 1996=2002：323）。しかしながら，本調査結果からは飼い犬のセキュリティが確保できるという点で，信頼できるペット友人や近隣住民がいれば，飼い犬を預ける飼い主が多く存在しているということを示すことができる。

3. ペット友人との関係

　ここでは，飼い犬を介して友人関係を有する「ペット友人」（Pet-related Friends）の存在について考える。まっさきに思い浮かぶ問題として，「ペット友人」は飼い主にとって，ドッグパークという空間とセットになった存在なのだろうか，それとも別の独立した存在なのかという問題がある。このことを明らかにするため，「ペット友人の有無」「ペット友人との出会い」「ペット友人との話題」「飼育知識の源泉としてのペット友人」との関連について検討する。

A. ペット友人の有無

3-1. 飼い主の性別とペット友人の有無

女性の飼い主の方がペット友人がいる

　飼い主の性別とペット友人の有無は，どのような関係になっているのだろうか。クロス集計結果からは，女性の方が男性よりもペット友人がいるということがわかる[26]。女性の方がドッグパークを訪れる時間帯が男性よりも固定されているためであろうか，定期的に会うペット友人を有している。男性の場合はさっさと散歩を切り上げて帰宅するという行動パターンがあるためであろうか。飼い主の年齢とペット友人の有無については有意ではなかった。

　1章先行研究レビューでは，コンパニオン・アニマルが未知の他者との関係を構築することをとりあげた。ウォルシュは犬を連れていることによって，見知らぬ人とコミュニケーションすることは犬のコンパニオンシップの最大の効果であると論じている。さらにこのことが個人間にとどまらず，衰退するコミュニティとトラブルにある人間関係にも価値があると論じている（Walsh 2011：9）。本調

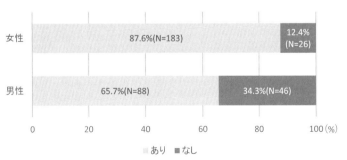

図 3-24　飼い主の性別とペット友人有無（N=343）

査の結果からは，この点に加えて，女性の方が男性よりもこのコンパニオンシップの効果を享受していると考えることができるだろう。しかしながら，この点については限定があることも示さなくてはならない。5章にて論じるが，このコンパニオンシップは飼い主ではない近隣住民に対してまで，効果があるとはいえないだろう。コンパニオンシップが近隣住民とのトラブルの原因となりうることがある。

3-2. 餌種類とペット友人の有無
固形ドッグフードを与えている飼い主の方が，ペット友人がいない

飼い主がどのような種類の餌を選択し与えているかは，飼い主がどの程度飼い犬の飼育にコストをかけているかを示している。固形ドッグフードか家庭にある食材との違いである。餌コストが低いと思われる「その他」では「ペット友人を有している」という回答が多い。「固形ドッグフード」を与えている回答者の方が「ペット友人を有している」という回答が少ない[27]。ドッグパークを訪れぺ

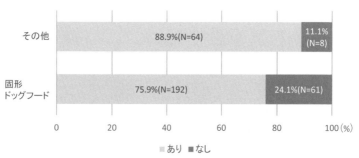

図 3-25　餌種類とペット友人の有無（N=325）

ット友人を得る機会が少ないからと考えられる。収入とペット友人
の有無については有意ではなかった。餌の種類を「その他」と回答
した回答者は，飼育知識の源泉となる「ペット友人」を多く有し，
彼らから餌についての知識を得ている。飼い犬の飼育に万全を期す
ことを意図していると考えられる。

B. ペット友人との出会い

3-3. 飼い主の年収とペット友人との出会い
収入の多い飼い主は，公園でペット友人と出会う

　調査を実施したドッグパークはいずれも，アッパーミドルクラス
の地価の高い郊外コミュニティにある。このようなエリアの住民の
ほとんどは，退職して収入なしが含まれるとしても，「年収 501 万
円以上」となるだろう。収入の多い飼い主は，公園でペット友人と
出会っている[28]。彼らにとっては自らの住むコミュニティの公園
にて，日常的に接するペット友人と出会うのであろう。他のエリア
に住む住民との出会いは，異なる出会いの契機があると考えられる。
飼い主の性別とペット友人との出会いについて，さらに飼い主の年

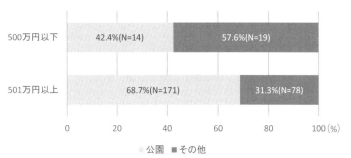

図 3-26　飼い主の年収とペット友人との出会い（N=282）

齢と出会いについては有意ではなかった。

C. ペット友人との話題

3-4. 飼い主の年齢とペット友人との話題

若い飼い主ほど，飼育方法について話している

39歳以下の回答者では，約6割が「飼育方法に関する内容」を
ペット友人との話題にしている。3-2.でとりあげた餌に関する情報
もここでの話題に含まれるだろう。40歳以上の回答者ではそれ以
外の，「ペットに関係ない話題」「用具・店舗」「動物病院」などを
話題としている[29]。39歳以下の回答者は飼育経験が40歳以上より
は少なく，飼い犬の年齢も低いため，ペット友人は飼い犬について
相談する重要な対象となっている。このことによりペット友人との
関係は，知識を共有し合う強固なものになっていくと考えられる。

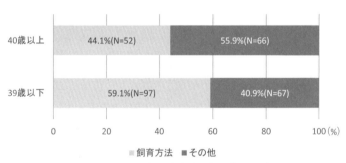

図3-27　飼い主の年齢と話題 （N=282）

3-5. 飼育年数とペット友人との話題

飼育経験の少ない飼い主は，飼育方法について話している

飼育経験年数とペット友人との話題の関連はどうであろうか。結

果は 3-4. の「年齢」と「ペット友人との話題」と同じような結果
となった。「飼育年数」が「3 年以下」では「飼育方法」を話題に
していると回答され，「飼育年数」が「4 年以上」では「その他の
話題」を話すと回答している[30]。飼育経験年数が長くなると，飼
い犬の飼育方法に関する希求が少なくなり，飼い犬の病気や動物病
院などについての話題に移行すると考えられる。またこのデータか
らは，3-4. とあわせて飼育経験が長い高齢の飼い主が，新たに飼
育をはじめた子犬について，飼育方法を話すことは少ない。若い世
代の回答者が「子どもがいないから」「単身世帯だから」犬を飼う
という動機はあっても，高齢世代が「子どもを育て終えたから」，
犬を飼うという選択をしていないことがわかる。ペット友人との話
題は飼い主の年齢によっても，飼育経験年数によっても説明される。

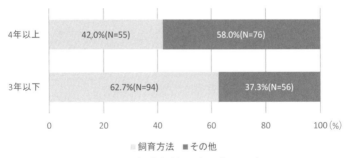

図 3-28　飼育年数と話題（N=281）

3-6. 犬齢とペット友人との話題

　　犬齢が低い飼い主ほど，ペット友人と飼育について話している

2-5. で示したように，飼育経験年数と犬齢はほぼ一致している。
犬齢とペット友人との話題はどのような関連になるのだろうか。飼

育経験年数と同様に犬齢「3才以下」では「飼育方法」に関する話題が多く，「その他の話題」は少ない。犬齢が「4才以上」では「その他の話題」が多くなっている[31]。犬齢が低く，飼育に対する経験の少なさからペット友人に対して，「飼育方法」に関する会話をするのであろう。「4才以上」でも「飼育方法」は話されているが，犬齢の上昇に応じて，動物病院や医療，歩行サポート器具などについても話されていると考えられる。犬種とペット友人との話題は有意ではなかった。ペット友人との話題は，飼い主の年齢，飼育経験年数，犬齢いずれによっても説明しうる。

前著（大倉 2016：69）では犬種とペット友人との話題の関連について，犬齢にかかわりなく「飼育方法」が多く回答されていた。この点はここでの結果とは異なっている。

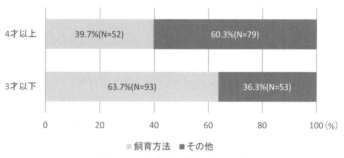

図 3-29　犬齢と話題（N=277）

3-7．食器共用とペット友人との話題

飼育方法について話している飼い主は，食器共用していない

単純集計結果では，約 18％の飼い主が飼い犬と食器を共用している。「食器を共用していない」と答えた回答者では約 60％が「飼

育方法」をペット友人との話題にしているのに対して、「共用している」と答えた回答者では「その他の話題」と回答している [32]。「飼育方法」を話題にしていないから、歯周病伝播について知識がなく、食器を共用していると考えることができる。またはコンパニオン・アニマルとしての飼い犬飼育を、食器を共用しうる子育てと同様に考えていることがありうるだろう。

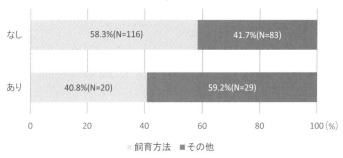

図 3-30　食器共用と話題（N=248）

3-8. 散歩時間とペット友人との話題
散歩時間の長い飼い主ほど、飼育方法について話している

　散歩時間の長さによって、ペット友人とのコミュニケーション内容はかわるのであろうか。散歩時間の短い「60 分以下」の回答者では、「飼育方法」と、それ以外の「飼育用具」「動物病院」「飼育とは無関係」などからなる「その他」が同数であった。散歩時間の長い「61 分以上」では、「飼育方法」が多くなる [33]。散歩時間が長いほどペット友人に会うことが多いだろう。3-12. にて後述するが、散歩時間が長い回答者ほど飼育知識をペット友人から得ている。このことからもわかるように、散歩時間が長い飼い主ほど、ペット友

人と飼育に関することを話し，そのことが重要な飼育知識の源泉となっている。「散歩回数」と話題については有意ではなかった。

1章先行研究レビューでとりあげた，ロジャースらの議論をあらためて検討してみよう。彼らは単一目的に特化された Single-minded 空間（一つの機能のみをみたす）が，多様なものを受容する Open-minded 空間（いくつもの機能をみたし，その場にいる人々の様々な必要に合わせて成長した結果，にぎわう広場）を破壊したと指摘する。公共空間性とそこでの Public life が必要であり，公共空間は市民に帰属し，市民性が種々演じられる場所であり，都市社会を結びつける糊のような役割であると論じる（Rogers and Gumuchdjian 1997=2002：8-9)。本調査の結果からはペットフレンドリーなコミュニティ，そしてドッグパークでは，具体的な飼育知識の伝達だけでなく，利用者が純粋に会話を楽しむ場としても機能していることがわかる。ドッグパークは Open-minded 空間であり，利用者としての飼い主らによって生きられた空間である。

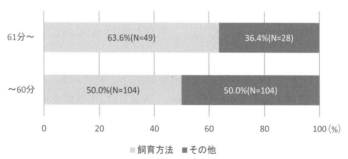

図 3-31　散歩時間と話題（N=285）

D. 飼育知識の源泉

3-9. 飼い主の性別と飼育知識の源泉

男性の飼い主は，ペット友人以外のその他が飼育知識の源泉になっている

　ペット友人とどのような話題（The most common topic）を話すかと，何が最も重要な飼育知識の源泉（The most important source of knowledge about dog sitting）は異なる変数である。飼育経験の乏しい飼い主にとっては，飼い犬の様子の変化や便利な飼育用具，ペットシッター，動物病院などは重要な情報である。飼い主が誰から飼育に関する知識を得ているかについて，飼い主の性別とクロス集計を行った。女性の場合では「ペット友人から」という回答が多く，男性では「その他」である，家族，書籍・雑誌，インターネット情報，獣医師からという回答が多い[34]。飼育知識の源泉という点では，ペット友人は相対化されてしまう。3-1. で論じたが，性別とペット友人の有無は有意である。ペット友人の有無について，女性は 87.6 ％がいると回答し，男性は 65.7 ％がいると回答している。飼育に関

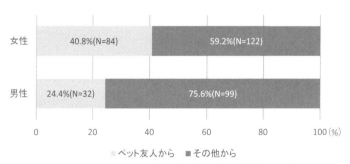

図 3-32　飼い主の性別と飼育知識源泉　（N=337）

する情報源となるペット友人は，女性の場合は半分以下，男性の場合はさらに低くなっている。

　前著（大倉 2016：72-4）では，犬齢と飼育知識の源泉の関連について，犬齢にかかわらず「ペット友人」という回答がもっとも多かった。飼育に必要な施設と飼育知識の源泉についても，必要な施設にかかわらず「ペット友人」という回答がもっとも多かった。ここでの結果では，いずれの関連も有意ではなかった。

3-10. 飼い主の年齢と飼育知識の源泉

40 歳以上の飼い主にとっては，ペット友人が飼育知識の源泉である

　3-4. で示したペット友人との話題は，ペット友人とのつながりを強固なものとする。39 歳以下の飼い主はペット友人と「飼育について」話している。しかし，彼らにとってペット友人は「飼育知識の源泉」ではない。ペット友人とは飼育について話しているが，もっとも重要な「飼育知識の源泉」ではないのである。40 歳以上の回答者ではペット友人から，飼育に関する知識を得ているという回答が多く，30 代以下では「その他」「家族から」「書籍・雑誌・インターネット」「獣医師」からという回答が多い[35]。39 歳以下では飼育上の様々な課題によって，知識の源泉を変えており，ペット友人は絶対的な存在ではない。飼育知識の源泉は飼い主の性別によっても，飼い主の年齢によっても説明しうる。一方で犬齢や犬種と飼育知識の源泉は有意ではない。飼い犬の属性ではない，飼い主側の条件により知識の源泉を選択している。

　前著（大倉 2016：70-1）では，飼い主の年齢と飼育知識の源泉の

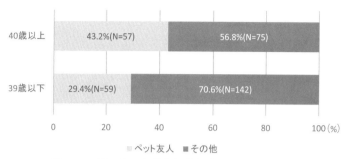

図 3-33　飼い主の年齢と飼育知識の源泉（N=333）

関連について，年齢にかかわらず「ペット友人」という回答が最も多かった。20 代と 30 代では，「ペット友人」以外の回答が散見された。ここでの結果と同様と考えられる。

3-11. 食器の共用と飼育知識源泉

食器を共用する飼い主は，ペット友人が飼育知識の源泉である

3-7. では「食器共用あり」という回答者は，ペット友人との話題として飼育知識ではない，「その他の話題」が多いと回答していた。また「食器共用なし」という回答者は「飼育知識」を話題にするという回答が多かった。飼育知識の源泉について尋ねると，「食器共用あり」という回答者の方が，「ペット友人」を知識源泉としているという回答が多い。「食器共用なし」という回答者は，「ペット友人」を知識源泉としているという回答が少ない[36]。このことは何を示しているのだろうか。「食器共用あり」という回答者にとっては，ペット友人とは「飼育方法を話題としていない」が，飼育知識の源泉となっていることを意味する。「食器共用なし」という回答者は，「飼育方法を話題としている」が，ここでも相対化され飼育知識の源泉

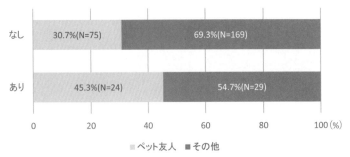

図3-34　食器の共用と飼育知識の源泉 （N=297）

とは，考えていないということになる。飼い主にとっては飼育知識
を話題にしているからといって，飼育知識の源泉が「ペット友人」
なのではない。飼育知識を話題にしていなくても，飼育知識の源泉
は「ペット友人」なのである。このことは日常的な飼育知識ではな
く，飼い犬の状態が重大な状況になった時に，頼る知識の源泉と考
えていると解釈することができる。

3-12. 散歩時間と知識源泉

散歩時間の長い飼い主は，ペット友人を飼育知識の源泉として いる

　散歩時間の長さはペット友人との接触可能性でもある。「61分以上」
という散歩時間の長い回答者では，ペット友人から飼育に関する知
識を得ている。どんな飼い主でも飼育知識の源泉になるとは考えら
れない。散歩時間の短い「60分以下」の回答者では，ペット友人
との接触が少ない分，書籍や雑誌，インターネット，獣医師から飼
育に関する知識を得ている[37]。一方で「散歩回数」は知識源泉と
有意ではない。

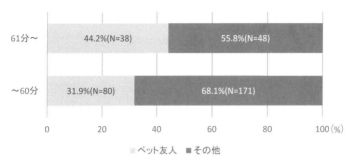

図 3-35　散歩時間と飼育知識の源泉　(N=337)

4. 悪い飼育マナーの認識

　回答者が他の飼い主の悪い飼育マナー (The worst manners for a pet owner) について，どのように考えているのだろうか。悪い飼育マナーとは，みずからの飼い犬のセキュリティをおびやかすことである。またコミュニティにとって悪影響をおよぼす振る舞いである。排泄物放置などは，飼い犬と飼い主だけからなるのでなく，飼育をしない住民にとっても住みやすい，「ペットフレンドリーなコミュニティ」を阻害する振る舞いである。このことにより，飼育をしない住民は隣接するドッグパークに対してネガティブな印象をいだくからである。同様のことは遠方から自動車でやってきて，路上に駐車する飼い主に対してもいだかれる。

　飼育知識は飼い犬にとって動物福祉に寄与するものである。言葉をかえればよい飼育マナーといえるだろう。その一方で飼い主はそれぞれ好ましくない，悪いと考える飼育マナーを認識している。これは飼い主の飼育実践の上に触知的に構築されたものであろう。具体的には「排泄物の放置」である。ベックらはこの問題を環境悪化，迷惑行為としている (Beck and Katcher 1996=2002：78)。またフォ

ーグルはこの問題を，排泄物に含まれる犬回虫の害ではなく，コミュニティの美観の問題と同様な種類の問題と位置づけている（Fogle 1984=1992：133）。これらの指摘からこの問題は伝染病の伝播という問題ではなく，あくまでも飼い主のマナーとして位置づける。

4-1. 飼い主の年齢と悪い飼育マナー

40歳以上の飼い主の方が，排泄物放置を悪い飼育マナーと考える

40歳以上の飼い主では「排泄物の放置」と，「その他」とした「しつけをしない」「予防接種無視」などの回答が同数であった。これに対して，39歳以下では「その他」という回答が多い。40歳以上の飼い主の半数が，コミュニティに対する悪影響をあげているのに対して，39歳以下では「しつけをしない」「予防接種無視」という，自分の飼い犬に対して害を与えうる回答を選択している 38)。この点は39歳以下の飼い主の飼い犬の方が犬齢が低く，健康に対する意識が，全般的に高いことも影響しているだろう。飼い主の性別や飼育経験年数と，悪い飼育マナーについては有意ではなかった。

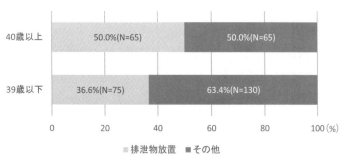

図 3-36　飼い主の年齢と悪い飼育マナー （N=335）

　前著（大倉 2016：76-7）では，飼い主の年齢と悪い飼育マナーの関連について，年齢に関係なく「排泄物放置」と「しつけなし」にほぼ二分されていた。ここでの結果は 40 歳以上では「排泄物放置」が多く，39 歳以下ではその他に含まれる「しつけなし」が多く回答されている。ここでの結果とは逆となっている。

4-2. 住宅所有と悪い飼育マナー

住宅を所有する飼い主の方が，排泄物放置を悪い飼育マナーと考える

　4-1. の飼い主の年齢と悪いと考える飼育マナーでは，40 歳以上では「排泄物放置」とその他が同数であり，39 歳以下では「排泄物放置」が少なかった[39]。住宅の所有は 40 歳以上が 39 歳以下よりも多いだろう。住宅を所有する回答者では「排泄物放置」が，賃貸の回答者よりも多い。住宅所有者にとっては「排泄物放置」は家屋や所有する土地の土壌に対して，具体的な害を及ぼすと考えている。賃貸の場合はそのような被害意識は生じないであろう。犬種や犬齢は悪い飼育マナー認識とは有意ではなかった。

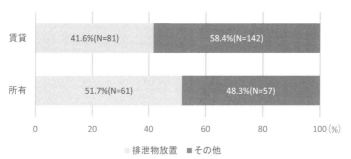

図 3-37　住宅所有と悪い飼育マナー （N=341）

4-3. 飼い主の職業と悪い飼育マナー

給与所得者の方が，排泄物放置を悪い飼育マナーと考えている

　飼い主の職業によって，飼育にどの程度まで関わるかは左右されるだろう。自営業や退職者の場合では給与所得者よりも飼育により関わることが可能だろう。このように限られた飼育への関わりが，悪い飼育マナー認識に影響することが考えられる。給与所得者では「排泄物放置」を悪い飼育マナーと考えている。その他の回答者は「しつけなし」「予防接種無視」「放し飼い」を悪い飼育マナーと考えている[40]。「排泄物放置」は「しつけなし」「予防接種無視」「放し飼い」よりも，散歩をしているだけでも気がつき，目につきやすい。「しつけなし」「予防接種無視」という回答は，ドッグパーク等で他の飼い主の飼い犬と触れない限りは認識されないだろう。給与所得者が飼育に関して限定的な関わりであることが，悪い飼育マナーに関する認識の違いを生じさせている。

　前著（大倉2016：77-81）では悪い飼育マナーについて，犬種，犬齢，飼育の知識源泉との関連を検討した。犬種と悪いマナー認識の関連はいずれの犬種でも「排泄物放置」と「しつけなし」という回

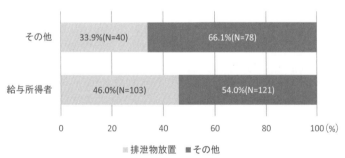

図3-38　飼い主の職業と悪い飼育マナー　（N=342）

答が多かった。犬齢と悪いマナー認識の関連では，3才以下が「排泄物放置」，4才から6才以上では「しつけなし」，7才以上は「排泄物放置」という回答が多かった。飼育知識の源泉と悪いマナー認識の関連では，知識源泉にかかわらず「排泄物放置」と「しつけなし」に回答が二分されている。これらの関連はいずれもここでの分析結果では有意ではなかったが，主要な2つの悪い飼育マナーをあげている点では，同様の傾向を示している。

　1章の先行研究レビューでは，悪い飼育マナーが反社会的であること，地域社会にとってマイナスであることをとりあげた。フォーグルも犬の排泄物放置の問題を，コミュニティの問題としてとりあげている。フォーグルによれば，犬の排泄物の問題は，コミュニティの環境美観の問題であり，処理しない飼い主は反社会的と考えられると指摘している（Fogle 1984=1992：133-4）。一方，ピトケアンらは地方自治体に寄せられる苦情の多くはペット管理の問題であり，飼い主はペットが地域社会におよぼす影響の責任を，負うことが求められていることを指摘している。ピトケアン指摘は，飼い主と飼い犬と彼らに接する人びとにとどまらない。飼い犬の問題は交通事故，人をかむ被害，他の動物とのトラブル，排泄物の害と金銭的な負担など，地域社会全体に対してマイナスをもたらすことをあげている（Pitcairn and Pitcairn 1995=1999：134-9）。調査結果からはフォーグルや，ピトケアンの大きな懸念は多くの飼い主に共有されているとみることができるだろう。

5. 飼い主と飼い犬の歯周病

A. 歯周病予防実施有無

　本書では記述疫学的な視点から，飼い主も飼い犬もリスクをおう
疾病として，歯周病をとりあげる。キャンピロバクター・レクタス
による飼い主と飼い犬の歯周病菌伝播については，事例として4章
にてとりあげる。ここでは歯周病のリスクに注目し，「飼い犬の歯
周病予防実施の有無」「予防頻度」「予防方法」「飼い主の歯周病菌
保持」について検討する。このことにより，どのような飼育実践や，
歯周病に対する認識をもつ飼い主が，歯周病伝播のリスクを有して
いるか検討する。

5-1. 必要施設と歯周病予防
公園が必要な飼い主の方が，歯周病予防をしていない

　歯周病予防をしているということは，飼い犬の歯周病罹患リスク
を認識しているということである。歯周病予防を「していない」と
いう回答は飼い犬の健康状態に問題がなく，十分に公園で運動がで

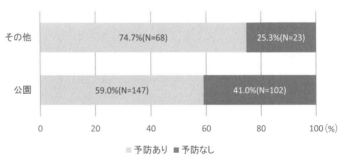

図 3-39　必要施設と歯周病予防（N=340）

きていること，もしも飼育方法に困ったらペット友人にたずねることができることであろう。必要施設として公園以外の「その他」を選んだ回答者は，「動物病院」や「ペットショップ」などが飼育に必要と考えている[41]。この場合には飼い犬が何らかの健康上の問題を抱えていることがあるだろう。そうであれば，「公園」を利用して運動することが限定されてしまう。健康に対する問題があり，歯周病のリスクを認識していれば，「予防あり」となる。

5-2. 散歩時間と歯周病予防

　　　散歩時間が長い回答者の方が，歯周病予防をしている

　散歩時間と歯周病予防実施有無の関連について検討する。犬種によって必要な散歩時間は異なるが，散歩時間が長いということは，飼い犬が健康な状態にあるということである。散歩時間が長い回答者の方が，歯周病予防をしている[42]。散歩時間が長いと回答した飼い主は，飼い犬の健康状態に十分に気を配り，十分なケアをしていることが考えられる。そのことにより散歩時間が長く，予防実施頻度には問題があるとしても，歯周病に対するケアを実施している。

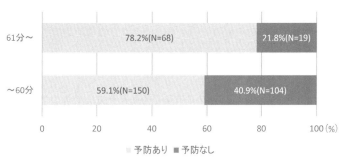

図 3-40　散歩時間と歯周病予防（N=341）

散歩時間が短い回答者にとっては，飼い犬を歯周病のリスクから守るためには，ケア実施がより多くあるべきである。「散歩回数」と予防実施有無については有意ではなかった。

5-3. ペット友人と歯周病予防

ペット友人がいる回答者の方が，歯周病予防をしている

ペット友人の有無は飼い主による歯周病予防の実施と，どのように関連しているのだろうか。「友人あり」という回答をした飼い主は，飼い犬の「歯周病予防をしている」という回答が，「友人なし」よりも多い[43]。歯周病は初期では判別しにくい。獣医師による診断を受けるか，ペット友人からケアをしておいた方がよいと，アドバイスを受ける以外には，ケアの動機づけにはならないだろう。この点において，ペット友人がいるということが影響している。ペット友人との話題と予防実施有無については有意ではなかった。

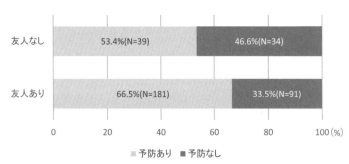

図 3-41　ペット友人の有無と歯周病予防　(N=345)

5-4. ペットフレンドリーなコミュニティと歯周病予防

　　ペットフレンドリーなコミュニティとして公園が必要だと考え
　　る回答者の方が，歯周病予防をしていない

　どのようなコミュニティを飼育しやすい環境と考えているかと，
飼い犬の歯周病予防実施有無の関連は，ペットフレンドリーなコミ
ュニティに何を求めているかを意味している。ペットフレンドリー
なコミュニティが「運動をさせるための空間」と考えているか，飼
い犬を「病気から守りやすい環境」と考えているかによって異なる。
「公園」と回答した場合には，「歯周病ケアの実施」が少ない。「ペッ
ト友人が近くに住む」「動物病院がある」「ペット関連店舗がある」
からなる「その他」を回答した場合には「歯周病ケアの実施」が多
い[44]。全体としては，「公園」という回答が多いが，現実に飼い犬
が病気をかかえている場合などの場合では，「その他」という回答
がされている。

　前著（大倉 2016：85-8）では歯周病予防実施と，飼い主の年齢，
犬齢，住宅間取りとの関連を分析した。年齢と予防実施の関連はい
ずれの年齢層でも「実施している」が多かった。犬齢と予防実施の

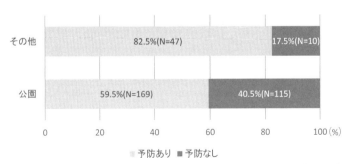

図 3-42　ペットフレンドリーなコミュニティと歯周病予防（N=341）

関連では6才以下では「実施している」が多く，7才以上では「していない」が多くなる。これらの関連はここでの結果では有意ではなかった。

B. 歯周病予防頻度

5-5. 世帯人数と歯周病ケア頻度

世帯人数が2人以上の飼い主の方が，歯周病ケア頻度が高い

2-9.の世帯人数と餌についてのクロス集計では，世帯人数1人の飼い主の方が「固形ドッグフード」ではない餌を与えていたことがわかった。全体のなかでの数は少ないが，飼い犬に最適の餌を与える飼い主がいる。この点はコンパニオン・アニマルとしての親密性とみることができる。しかしながら，飼い犬の歯周病ケア頻度についてはこの親密性は発揮されていない。餌の選択に関して配慮していても，歯周病予防頻度については配慮がされていない。1人世帯の方が歯周病ケア頻度は低くなっている[45]。餌の選択に対する態度と歯周病ケアに対する意識の違いが読み取れる。

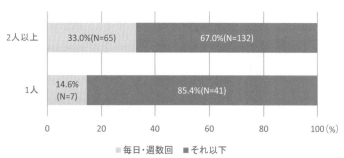

図 3-43　世帯人数と歯周病ケア頻度 （N=245）

5-6. ケア担当者と歯周病ケア頻度

何人かで飼育を分担する飼い主の方が，歯周病ケア頻度が高い

「ケア担当者」という変数は，飼い主が飼育全てを1人でかかえているか，飼育が分担できるかということである。「ケア担当者」と「ケア頻度」は前述の「世帯人数」と似た変数となった。「自分のみ」の場合には，必要とされる「毎日・週数回」というケア頻度を実現できていない回答者が多く，飼育に関する役割を分担しうる「その他」では，必要なケア頻度を実現できている回答が多い[46]。「自分のみ」の方がコンパニオン・アニマルとして，親密な関係を想定できるから，十分な歯周病ケアを行いたいが，時間的な制約で実施できないということが考えられる。または必要とされるケア頻度を知らないということもありうるだろう。

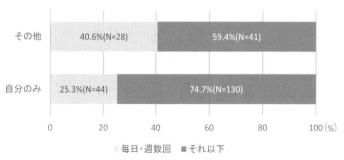

図 3-44　ケア担当者と歯周病ケア頻度（N=243）

5-7. 必要施設と歯周病ケア頻度

公園が飼育に必要だと考える飼い主は，歯周病ケア頻度が低い

飼育に必要な施設と歯周病ケアの頻度の関連についてクロス集計を試みる。ここでの回答者はケアを実施している回答者である。必

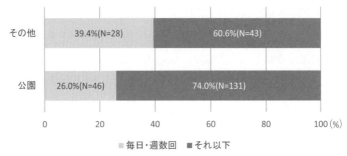

図 3-45　必要施設と歯周病ケア頻度　（N=248）

要施設が「公園」という回答に対して,「その他」という回答をし
た回答者の方が「ケア頻度」が高い[47]。4 章にて後述するが,歯垢
は数日で歯石化することから,「毎日」少なくとも「週数回」のケア
を実施しなければ,効果は期待できない。ケアとして必要な「毎
日・週数回」のケアをしている回答者は,必要施設として「その他」
の回答が多い。公園以外の「その他」が飼育に必要と回答した場合
には,飼い犬が健康上の問題をかかえていると考えられる。「その他」
と回答した飼い主の約 40％が,必要なケア頻度で実施している。
逆に飼い犬が健康の問題をかかえている飼い主であっても,約 60
％は必要な頻度でケアを実施していない。この点は医療的な知識が
不足しているか,必要だと思っていても,時間的制約などで実施で
きないかのどちらかであろう。

5-8. ペットフレンドリーなコミュニティと歯周病ケア頻度

ペットフレンドリーなコミュニティには公園が必要だと考える
飼い主は,歯周病ケア頻度が低い

歯周病ケア頻度は飼い主が,どのようなペットフレンドリーなコ

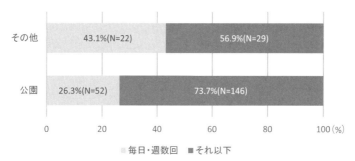

図 3-46　ペットフレンドリーなコミュニティと歯周病ケア頻度（N=249）

ミュニティイメージをもつかによって，説明しうるだろうか。前述
のペットフレンドリーなコミュニティイメージと歯周病予防有無と
同様に，「その他」と回答した飼い主は，「公園」と回答した飼い主
より，歯周病ケア頻度が高い[48]。適切と考えられる「毎日」「週数回」
は「ペット友人が近くに住む」「動物病院がある」「ペット関連店舗
が近い」場所を，飼育に適したペットフレンドリーなコミュニティ
と考えている。この場合も公園という「運動のための空間」か，ま
たは「病気から守りやすい環境」のどちらを優先するかによって回
答は異なっている。

C. 歯周病ケア方法

5-9. 住宅所有と歯周病ケア方法

　　住宅を所有する飼い主は，ブラッシング以外の歯周病ケア方法
　　を選んでいる

　飼い犬の歯周病ケアは，特に大型犬の場合には，飼い主に大きな
負担をもたらす。賃貸の回答者は「ブラッシング」が多く用いられ，
住宅所有の回答者は「その他の方法」を多く回答している[49]。「そ

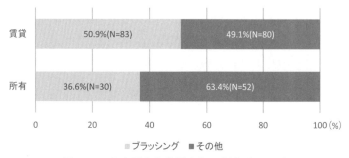

図 3-47　住宅所有と歯周病ケア方法（N=245）

の他の方法」とは，「犬用ガム」「獣医師指導による方法」「その他」
である。これらは最も簡便な「ガム」から，最もコストのかかる「獣
医師指導による方法」にまでおよんでいる。

5-10. 歯周病予防と歯周病ケア方法

歯周病ケアをしていると回答した飼い主は，予防方法として
ブラッシングを選んでいる

飼い犬の歯周病ケア実施有無とその方法には，どのような関連が
あるのだろうか。このことは飼い主が歯周病ケアをどのように意識
しているかを示す。予防実施について「なし」と回答していても，
ケア方法について「その他」または「ブラッシング」と回答がされ
ている[50]。この場合には，口腔での消化を促進するためとか口臭
を防ぐといった目的のために，様々な方法を用いているのだろう。
歯周病予防の効果は意図していない。「その他の方法」には，ガム，
獣医師指導の方法他が含まれている。「予防実施あり」という回答
者では，「ブラッシング」が多くなる。この場合には具体的に，適
切な回数は実施していないとしても，歯周病予防という意図をもっ

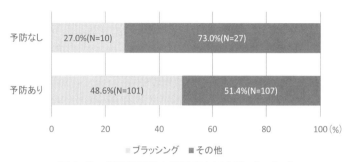

図 3-48　歯周病予防と歯周病ケア方法（N=245）

ている。

D. 飼い主の歯周病菌保持

5-11. 住宅の所有と飼い主の歯周病菌保持

　　住宅を保有している回答者の方が，歯周病菌を保持している
　　と考えている

　どのような飼い主が自ら歯周病菌を保持しているのだろうか。ここでの回答は PCR 分析による歯周病保持の確認ではない。回答者が自ら歯周病菌を保持していると認識しているかどうかである。つまり歯科検診を受け自分が歯周病菌保持であることを確認している飼い主である。ということは，「保持していない」と考えていても，実際には「保持している」回答者は多く含まれるだろう。では，飼い犬への歯周病菌伝播のリスクを認識しているかといえば，全員が伝播リスクについて認知しているとは考えられない。今後知識の普及がすすめば，状況はかわるかもしれない。住宅所有の回答者の方が多く「歯周病菌を保持している」と回答している[51]。この場合，真っ先に回答者の年齢との疑似相関を疑うべきであろう。しかしな

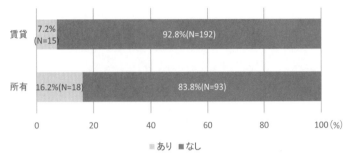

図 3-49　住宅の所有と飼い主の歯周病菌保持（N=318）

がら，回答者の年齢と歯周病菌保持の認識は，有意ではなかった。
このことは歯周病菌保持が，歯科検診を受けないとわからないこと
に起因する。

5-12.　住宅間取りと飼い主の歯周病菌保持

　　　広い住宅に住む飼い主の方が，歯周病菌を保持していると考
　　　えている

　5-11. と同様な住宅保有との関係は，住宅間取りでもみられる。
もっともせまい「1 ルーム」に住む飼い主よりも，より広い住宅に

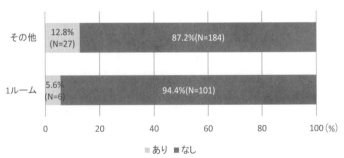

図 3-50　住宅間取りと飼い主の歯周病菌保持（N=318）

住む回答者の方が，歯周病菌を保持していると認識している[52]。広い住宅に住む飼い主の方が，社会経済的地位が高く歯科検診を受けることが多いと考えられる。

5-13. 散歩回数と飼い主の歯周病菌保持

　　散歩回数の少ない飼い主ほど，歯周病菌を保持していると考えている

　自ら歯周病を保持していると認識している回答者は少なく，全体で 10％程度 33 名である。散歩回数と歯周病菌保持との関連はどのようにものであろうか。散歩回数が少ない「1 日数回未満」では歯周病菌保持が多く，散歩回数が多い「1 日数回」では保持が少ない[53]。このことは 5-11. と同様に飼い主の年齢との疑似相関が疑われるが，年齢と歯周病菌保持の関連は有意ではない。様々な年齢に分散している。「1 日数回未満」という回答者は飼い犬に健康上の問題があり，定期的な受診をしていて，自らも健康診断を受けていることが考えられる。

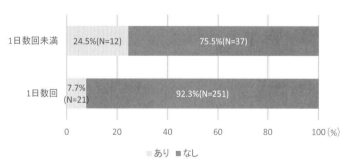

図 3-51　散歩回数と飼い主の歯周病菌保持（N=321）

5-14. ペットフレンドリーなコミュニティと歯周病菌保持

> ペットフレンドリーなコミュニティには公園が必要と考える
> 飼い主の方が，歯周病菌を保有していないと考えている

飼い主が歯周病菌を保持しているか否かは，歯科検診を受けない限りわからない。歯周病菌「あり」という飼い主は，歯科検診を受けた飼い主である。ペットフレンドリーなコミュニティには公園が必要と考える飼い主は，歯周病菌を保有していないと考えている[54)]。このような飼い主は飼い犬の健康についても，気を配っていると考えられよう。5-4. で前述した「運動のための空間」「病気から守りやすい環境」のどちらを優先するかは，自らの歯周病菌保持と関連していることを示している。ペットフレンドリーコミュニティの認識は，飼い犬の「歯周病予防の有無」と「予防実施頻度」に加えて飼い主の「歯周病菌保持」をも説明しうる。

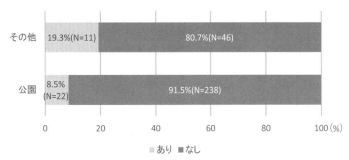

図3-52　ペットフレンドリーなコミュニティと飼い主の歯周病菌保持（N=317）

5-15. 歯周病予防方法と飼い主の歯周病菌保持

ブラッシング以外の予防方法を選んでいる飼い主は，歯周病菌を保持していると考えている

　飼い主が歯周病菌保持しているか否かと，飼い犬の歯周病予防方法の関連について考えよう。歯周病菌保持に「あり」と回答している飼い主は，歯科医師による歯周病検査を受けている[55]。これらの回答者は自らが歯周病菌を保持していることを意識している。この意識のもとで飼い犬の歯周病ケアの方法を考えているだろう。もっとも効果的な，自らも利用している方法を選ぶと考えられる。これに対して「なし」という回答者は，歯科医師よる検査を受けて「なし」を確認した者がいないとは言えないが，歯科医師による検査を受けることなく，自分は歯周病菌を保持していないと考えている者が多いだろう。この場合には作業としては作業量が多く困難だが，ブラシさえあれば可能な方法として，「ブラッシング」を選ぶことが多いだろう。「獣医師指導による方法」は少ないのではないだろうか。飼い主自身が歯周病菌を保持している場合には，医療的に最大の効果が期待できる方法を選択し，保持していない場合には，ブ

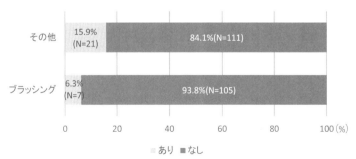

図 3-53　歯周病予防方法と飼い主の歯周病菌保持　（N=244）

ラッシングを選ぶものと考えられる。

6. ペットフレンドリーなコミュニティ

　ペットフレンドリーなコミュニティは，飼い犬，飼い主にとどまらず，飼育していない住民にとっても，飼育しやすく暮らしやすいコミュニティである。このコミュニティの本質に迫ろうとするならば，「飼育に必要な具体的施設」（The most important facility/shops for dog owners）は何かという観点と，飼い主がもつ「ペットフレンドリーなコミュニティのイメージ」（The best location to keep a dog）にわけて，考える必要がある。これらを現実と理想と見なしてもいいだろう。両者について飼い主の属性と，飼育実践，飼い犬などについて検討する。

A. 飼育に必要な施設

6-1. 飼い主の性別と飼育に必要な施設

　　　男性の飼い主の方が，飼育に必要な施設は公園だと考えている
　飼育に必要な施設とは，自らの調達によってでは準備しえない社

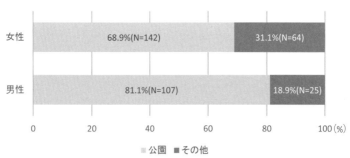

図3-54　飼い主の性別と必要施設（N=338）

110

会資本などである。回答者の性別に関係なく「公園」と回答している[56]。「公園」は飼い主にとって，飼い犬を散歩させ，運動させる場であるだけでなく，ペット友人を得る場であり，さらには飼育に関する知識を得る場となっている。3-1. で示したようにペット友人は男性よりも女性の方が多く有していた。加えて 3-9. では女性の方がペット友人を飼育知識の源泉と考えていた。女性にとってペット友人は飼育知識の源泉であるが，ドッグパークという空間とは一連の存在ではないと考えている。

6-2. 飼い主の年齢と飼育に必要な施設

若い飼い主の方が，飼育には公園が必要と考えている

単純集計結果図 2-17 では全体の約 70％が「公園」が必要であると回答している。飼い主の年齢と必要施設の関連をクロス集計してみると，「公園以外の施設」が飼育に必要という回答が，40 歳以上では多くみられる[57]。単純集計結果では，「公園」に続いて，約 20％が「動物病院」と回答している。40 歳以上では飼い犬の年齢も高くなっていることから，飼い犬が疾病を抱える飼い主にとっては，「公園」

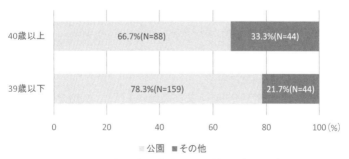

図 3-55　飼い主の年齢と必要施設（N=335）

よりも「動物病院」が必要であると回答していると考えられる。

6-3. 飼い主の学歴と必要施設

学歴が高い飼い主は，公園を必要施設と考える

本書は調査地がいずれも，アッパーミドルクラスが居住するコミュニティにある，ドッグパーク等で実施したため回答者は高学歴層に偏っている。学歴が高い飼い主は「公園」を飼育に必要な施設と考えている。その他の学歴の飼い主では，「動物病院」「ペット関連店舗」からなる「その他」という回答が多くなる[58]。学歴が説明変数である場合，収入との疑似相関を疑わなくてはならない。しかしながら収入と必要施設は有意ではなかった。

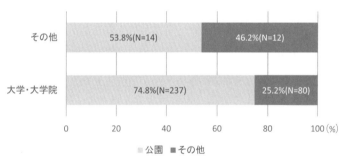

図 3-56　飼い主の学歴と必要施設（N=343）

6-4. ケア担当者と必要施設

自分のみでケアを担当している飼い主ほど，公園を必要施設と考えている

飼い犬のケア担当者が回答者のみである場合と，自分を含む家族員が担当している場合には，飼育に必要な施設は左右されるのであ

112

ろうか。クロス集計結果からは，ケア担当者が「自分のみ」の場合には，「公園」が多く回答されている。家族員を含む「その他」の場合には「公園」は少なくなる[59]。ケア担当者が「自分のみ」の場合には，就寝場所としてベッドを共用することもあるように，コンパニオン・アニマルとして親密な関係が想定され，「公園」は飼い犬を十分に運動させ，ペット友人と交流する場でもある。ケア担当者が「自分のみ」ではない回答者にとっては，ケアは家族内で分業化され，回答者が散歩だけを担当する場合も考えられるだろう。その場合には公園にて時間を過ごすよりも，さっさと散歩を終わらせて戻ることもありうるだろう。1人ですべてをケアする場合と，家族内飼育分業では，公園の利用度について異なるものと考えられる。世帯人数と必要施設は有意ではなかった。

　前著（大倉 2016：58-62）では，飼育に必要な施設と犬齢，必要な施設と住宅様式，必要な施設と住宅間取りについて関連を検討した。いずれの回答においても，「公園」がもっとも多く，次に「動物病院」が回答された。これらの関連はここでの結果では有意ではなかったが，「公園」と「動物病院」が選択されるという傾向は同

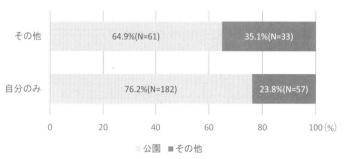

図 3-57　ケア担当者と必要施設（N=333）

じである。

B. ペットフレンドリーなコミュニティ

6-5. 飼い主の学歴とペットフレンドリーなコミュニティ

高学歴な飼い主は，ペットフレンドリーなコミュニティのイメージとして公園を考えている

本書での回答者は高学歴層に偏っているといわざるを得ない。高学歴層でもその他の学歴層でも，多くがペットフレンドリーなコミュニティとして「公園」をあげている[60]。その他の学歴の回答者では居住する地域に，飼い犬を運動させる公園などがないためか，「その他」という回答が多くなる。飼い主の収入とペットフレンドリーなコミュニティイメージは有意ではなかった。

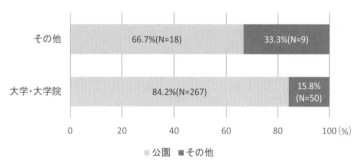

図 3-58　飼い主の学歴とペットフレンドリーなコミュニティ（N=344）

6-6. 犬種とペットフレンドリーなコミュニティ

大型犬の回答者の方が，ペットフレンドリーなコミュニティとして，公園を考える

飼い犬を飼育しやすいペットフレンドリーなコミュニティのあり

114

方は，飼い犬の犬種に左右されるのではないだろうか。小型犬・中型犬に比べて多く運動量が求められる大型犬では，十分な運動ができる空間として「公園」が回答されている[61]。この点については経験的にも理解できる。その他である小型犬・中型犬ではそれぞれの状況に応じて公園以外の回答選択肢が選ばれている。全体としては，約82%が「公園」を選択している。犬齢とペットフレンドリーなコミュニティイメージは有意ではなかった。

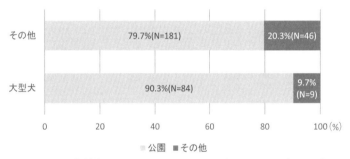

図3-59　犬種とペットフレンドリーなコミュニティ（N=320）

6-7. 必要施設とペットフレンドリーなコミュニティ

公園は飼育に必要な施設であり，ペットフレンドリーなコミュニティのイメージでもある

ペットフレンドリーなコミュニティのイメージと飼育に必要な施設とは異なる意味合いをもつ。それは理念形と現実である。ペットフレンドリーなコミュニティという基盤のうえに，ペット友人や，必要な施設，旅行時の預け先，飼育知識の源泉などがある。公園やドッグパークは，ペット友人と必要施設の重なる空間である。飼育に必要な施設として「公園」と答えた回答者にとって，飼い主にと

って飼い犬にとって，さらに飼い主ではない住民にとっても，生活しやすいコミュニティとしての「ペットフレンドリーなコミュニティ」は具体的な空間としての「公園」になるだろう。飼育に必要な施設としての公園と，ペットフレンドリーなコミュニティの具体的な空間としての公園・ドッグパークは，飼い主にとっては同等の意義をもつ。しかしながら，ペットフレンドリーなコミュニティの条件としては，飼い主ではない近隣住民にとっても住みやすい地域であることが求められる。飼い主と飼い主ではない近隣住民の意識のずれを，どのように乗り越えるかがコミュニティ成立の大きな課題である。5章にてとりあげる事例においては，公園やドッグパークという飼育に必要な施設をいかにして，飼い主ではない近隣住民をまきこみ，ペットフレンドリーなコミュニティに外延するかが課題となる。飼育にとって必要な施設は「公園ではない」と答えた回答者にとって，「ペットフレンドリーなコミュニティ」は別の選択肢となるだろう。しかしながら，すべての回答者の約80％が「公園」は，「ペットフレンドリーなコミュニティ」の重要な要素であると考えている[62]。

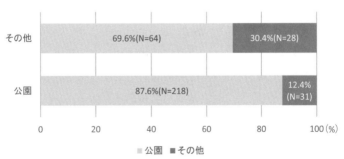

図3-60　必要施設とペットフレンドリーなコミュニティ（N=341）

116

6-8. 散歩回数とペットフレンドリーなコミュニティ

散歩回数が多い飼い主ほど，ペットフレンドリーなコミュニティのイメージは公園である

　飼い犬の散歩回数が多い飼い主と少ない飼い主では，飼育しやすいペットフレンドリーなコミュニティのありようは異なるのだろうか。いずれであっても「公園」が回答されているが，飼い犬にとって必要な散歩回数である「1日数回」と回答した飼い主では，「公園」があることを多くあげている[63]。「1日数回未満」の回答者では，公園ではない「その他」を回答している。散歩回数が「1日数回」の回答者の場合，散歩をして帰宅するだけでなく，飼い犬に自由に運動させ，飼い主はペット友人と交流できる「公園」が必要と考える。「1日数回未満」では，散歩回数は多くても1日1回，数日おきである。この場合は公園に立ち寄らず散歩するだけなのであろう。「散歩時間」とペットフレンドリーなコミュニティ認識は有意ではなかった。

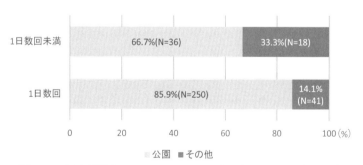

図3-61　散歩回数とペットフレンドリーなコミュニティ（N=345）

6-9. ペット友人の有無とペットフレンドリーなコミュニティ

ペット友人なしの回答者の方が，公園をペットフレンドリーなコミュニティのイメージとして考えている

　ペット友人の有無とペットフレンドリーなコミュニティのイメージは，どのような関連なのだろうか。多くは公園と回答しているが，「ペット友人なし」という回答者は，ペットフレンドリーなコミュニティのイメージとして，多くが「公園」をあげている。「ペット友人あり」という回答者は「公園」という回答が少なくなり，「ペット友人が近くに住む」「動物病院が近い」「ペット関連店舗がある」などからなる「その他」という回答が多い[64]。「ペット友人が近くに住む」は全体の8％であるが，「ペット友人あり」では「ペット友人が近くに住む」という回答がある。「ペット友人あり」という回答者にとっては，「公園」という物理的空間以外にも，ペット友人とのコミュニケーションによって，得られるよい動物病院についての情報や，よいペット関連店舗の存在が，ペットフレンドリーなコミュニティのイメージとなっている。「ペット友人なし」の場合には，こうしたコミュニケーションによるイメージ化はされない。

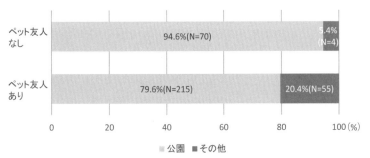

図 3-62　ペット友人の有無とペットフレンドリーなコミュニティ（N=344）

性別とペットフレンドリーなコミュニティイメージは有意ではなかった。

6-10. ペット友人との出会いとペットフレンドリーなコミュニティ
公園でペット友人と出会った飼い主は，公園をペットフレンドリーなコミュニティと考えている

　前述のようにペット友人の有無とペットフレンドリーなコミュニティのイメージは，ペット友人がいる回答者ほど，公園以外の選択肢が増えた。ペット友人との出会いは，ペットフレンドリーなコミュニティのイメージに影響しており，イメージとして「公園」と回答した回答者は，公園でペット友人と出会っている [65]。このように空間としての公園は，ペット友人との出会いがあった場合には，両者が不可分のものとして，ペットフレンドリーなコミュニティのイメージを形成している。

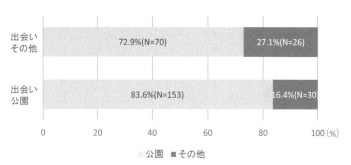

図 3-63　ペット友人との出会いとペットフレンドリーなコミュニティ
　　　　（N=279）

7. まとめ

以上のクロス集計結果から概要を簡単にまとめてみる。

・**世代差** 40 歳以上の飼い主と 39 歳以下の飼い主の違いである。40 歳以上の飼い主では，飼育経験が長く，飼育している飼い犬の犬齢も高い。住宅を所有し多頭飼いの割合が多い。悪い飼育マナーとして排泄物放置をあげている。散歩については回数が少ないが，飼育方法以外の話題を話すことが多い。しかしながら飼育知識の源泉としてはペット友人をあげている。ケアを分担しており，自分だけがケアを担当する人は少ない。飼い犬の餌については，一般的な固形ドッグフードよりも，獣医師に処方された餌など，特別な餌も多い。

39 歳以下の飼い主では，全体的に逆の傾向となる。飼育経験が短く，犬齢は低い。多頭飼いは少ない。悪い飼育マナーとしては排泄物放置以外の「その他」をあげている。散歩回数は多い。旅行時の預け先としては，友人や近隣をあげている。ペット友人とは飼育に関する話題を話す。しかしながら飼育知識の源泉としてはペット友人「以外」である。飼育に必要な施設としては公園をあげている。

・**性別** 男性と女性の回答者でも異なる傾向がみられる。散歩回数については，男性は女性よりも多い。ペット友人は女性の方が男性よりも多い。男性の方が女性よりも，ペットフレンドリーなコミュニティのイメージとして，公園をあげている。そしてペット友人に求めることについても異なっている。

・**餌の選択**　39 歳以下では固形ドッグフードを多く選択している。

・**犬種**　大型犬の方が食器を共用することが多い。中型犬・小型犬は飼い主と一緒のベッドで寝ることがある。その場合は主なケア担当者と寝ている。ケア担当者が 1 人の場合には，散歩時間が短い。

・**年収と学歴**　学歴が高いと散歩回数は多いが，逆に散歩時間は短くなる。一方で年収は高いと散歩回数も多い。そのことにより，ペット友人とは公園にて出会うことが多い。

・**飼育知識の源泉**　女性の飼い主の場合は，ペット友人が飼育知識の源泉であることが多い。ペット友人と飼育に関する会話をしていても，飼育知識の源泉とはならないことがある。飼育知識の源泉は犬齢や犬種によっては説明できない。

・**歯周病について**　散歩時間が長いほど，歯周病予防をしていることが多い。また 40 歳以上の飼い主は，39 歳以下よりも歯周病予防をしている。ペット友人がいる飼い主は，歯周病予防をしている。

・**ペットフレンドリーなコミュニティ認識**　必要施設についても，コミュニティのイメージについても，公園をあげる回答がほとんどである。この点については飼い主ではない近隣住民との意識のずれが乗り越えるべき課題として残る。公園の意義については「運動」の場とみなす回答と，「健康」の場として考える場合では，歯周病予防に関して異なる対応となる。「運動」と見なすのは 39 歳以下の

飼い主であり，大型犬の飼い主にはその傾向が強い。39歳以下の飼い主は自分が歯周病菌を保持していないと考え，歯周病予防をしていないことが多い。「健康」の場として考えるのは，40歳以上の飼い主である。ペットフレンドリーコミュニティイメージは，「歯周病予防の有無」と「予防実施頻度」をも説明しうる。

【注】
1) このデータは調査実施日にドッグパーク利用者を対象としたものであり，母集団から無作為抽出されたデータではない。母集団のリストがあるとも考えにくい。クロス集計による分析，とくにここで参考として行うPearson の χ^2 検定には，この点に由来する限界があることをお断りする。

2) Pearson の χ^2 検定を行ったところ，χ^2 値 = 10.9015　P<0.001 であり，統計的に有意な結果が得られたと判断される（$\alpha=1\%$水準）。

3) Pearson の χ^2 検定を行ったところ，χ^2 値 =5.1788　P 値 =0.2299 であり，統計的に有意な結果が得られたと判断される（$\alpha=5\%$水準）。

4) Pearson の χ^2 検定を行ったところ，χ^2 値 =4.9124　P 値 =0.0267 であり，統計的に有意な結果が得られたと判断される（$\alpha=5\%$水準）。

5) Pearson の χ^2 検定を行ったところ，χ^2 値 =8.1630　P 値 =0.0043 であり，統計的に有意な結果が得られたと判断される（$\alpha=1\%$水準）。

6) Pearson の χ^2 検定を行ったところ，χ^2 値 =179.1561　P<0.001 であり，統計的に有意な結果が得られたと判断される（$\alpha=1\%$水準）。

7) Pearson の χ^2 検定を行ったところ，χ^2 値 =5.6109　P 値 =0.0178 であり，統計的に有意な結果が得られたと判断される（$\alpha=5\%$水準）。

8) 飼い主自身の志向により，ビーガン・絶対菜食主義餌を与えているという回答が散見された。

9) Pearson の χ^2 検定を行ったところ，χ^2 値 =11.8278　P<0.001 であり，統計的に有意な結果が得られたと判断される（$\alpha=1\%$水準）。

10) Pearson の χ^2 検定を行ったところ，χ^2 値 =8.9091　P 値 =0.0028 であり，統計的に有意な結果が得られたと判断される（$\alpha=5\%$水準）。

11) Pearson の χ^2 検定を行ったところ，χ^2 値 =4.6202　P 値 =0.0316 であり，統計的に有意な結果が得られたと判断される（$\alpha=5\%$水準）。

12) Pearson の χ^2 検定を行ったところ，χ^2 値 =4.7354　P 値 =0.0295 であり，統計的に有意な結果が得られたと判断される（$\alpha=5\%$水準）。

13）Pearson の χ^2 検定を行ったところ，χ^2 値 =4.2868　P 値 =0.0384 であり，統計的に有意な結果が得られたと判断される（α=5％水準）。

14）Pearson の χ^2 検定を行ったところ，χ^2 値 =5.4299　P 値 =0.0198 であり，統計的に有意な結果が得られたと判断される（α=5％水準）。

15）Pearson の χ^2 検定を行ったところ，χ^2 値 =7.0580　P 値 =0.0079 であり，統計的に有意な結果が得られたと判断される（α=1％水準）。

16）Pearson の χ^2 検定を行ったところ，χ^2 値 =4.1412　P 値 =0.0418 であり，統計的に有意な結果が得られたと判断される（α=5％水準）。

17）Pearson の χ^2 検定を行ったところ，χ^2 値 =7.2114　P 値 =0.0072 であり，統計的に有意な結果が得られたと判断される（α=1％水準）。

18）Pearson の χ^2 検定を行ったところ，χ^2 値 =10.9402　P<0.001 であり，統計的に有意な結果が得られたと判断される（α=1％水準）。

19）Pearson の χ^2 検定を行ったところ，χ^2 値 =4.9835　P 値 =0.0256 であり，統計的に有意な結果が得られたと判断される（α=5％水準）。

20）Pearson の χ^2 検定を行ったところ，χ^2 値 =3.9936　P 値 =0.0457 であり，統計的に有意な結果が得られたと判断される（α=5％水準）。

21）Pearson の χ^2 検定を行ったところ，χ^2 値 =5.3316　P 値 =0.0209 であり，統計的に有意な結果が得られたと判断される（α=5％水準）。

22）Pearson の χ^2 検定を行ったところ，χ^2 値 =7.2080　P 値 =0.0073 であり，統計的に有意な結果が得られたと判断される（α=1％水準）。

23）Pearson の χ^2 検定を行ったところ，χ^2 値 =6.0618　P 値 =0.0138 であり，統計的に有意な結果が得られたと判断される（α=5％水準）。

24）Pearson の χ^2 検定を行ったところ，χ^2 値 =5.2937　P 値 =0.0214 であり，統計的に有意な結果が得られたと判断される（α=5％水準）。

25）Pearson の χ^2 検定を行ったところ，χ^2 値 =7.6252　P 値 =0.0058 であり，統計的に有意な結果が得られたと判断される（α=1％水準）。

26）Pearson の χ^2 検定を行ったところ，χ^2 値 =23.5864　P<0.001 であり，統計的に有意な結果が得られたと判断される（α=1％水準）。

27）Pearson の χ^2 検定を行ったところ，χ^2 値 =5.6638　P 値 =0.0173 であり，統計的に有意な結果が得られたと判断される（α=5％水準）。

28）Pearson の χ^2 検定を行ったところ，χ^2 値 =8.8980　P 値 =0.0029 であり，統計的に有意な結果が得られたと判断される（α=1％水準）。

29）Pearson の χ^2 検定を行ったところ，χ^2 値 =6.2612　P 値 =0.0123 であり，統計的に有意な結果が得られたと判断される（α=5％水準）。

30）Pearson の χ^2 検定を行ったところ，χ^2 値 =12.0086　P<0.001 であり，統計的に有意な結果が得られたと判断される（α=1％水準）。

31) Pearson の χ² 検定を行ったところ，χ² 値 =15.9488　P<0.001 であり，
統計的に有意な結果が得られたと判断される（α=1％水準）。

32) Pearson の χ² 検定を行ったところ，χ² 値 =4.8482　P 値 =0.0277 であり，
統計的に有意な結果が得られたと判断される（α=5％水準）。

33) Pearson の χ² 検定を行ったところ，χ² 値 =4.2027　P 値 =0.0404 であり，
統計的に有意な結果が得られたと判断される（α=5％水準）。

34) Pearson の χ² 検定を行ったところ，χ² 値 =9.4823　P 値 =0.0012 であり，
統計的に有意な結果が得られたと判断される（α=1％水準）。

35) Pearson の χ² 検定を行ったところ，χ² 値 =6.7120　P 値 =0.0096 であり，
統計的に有意な結果が得られたと判断される（α=1％水準）。

36) Pearson の χ² 検定を行ったところ，χ² 値 =4.1454　P 値 =0.0417 であり，
統計的に有意な結果が得られたと判断される（α=5％水準）。

37) Pearson の χ² 検定を行ったところ，χ² 値 =4.2682　P 値 =0.0388 であり，
統計的に有意な結果が得られたと判断される（α=5％水準）。

38) Pearson の χ² 検定を行ったところ，χ² 値 =5.8849　P 値 =0.0153 であり，
統計的に有意な結果が得られたと判断される（α=5％水準）。

39) Pearson の χ² 検定を行ったところ，χ² 値 =7.5035　P 値 =0.0062 であり，
統計的に有意な結果が得られたと判断される（α=1％水準）。

40) Pearson の χ² 検定を行ったところ，χ² 値 =4.6385　P 値 =0.0313 であり，
統計的に有意な結果が得られたと判断される（α=5％水準）。

41) Pearson の χ² 検定を行ったところ，χ² 値 =7.0562　P 値 =0.0079 であり，
統計的に有意な結果が得られたと判断される（α=1％水準）。

42) Pearson の χ² 検定を行ったところ，χ² 値 =10.2583　P 値 =0.0014 であり，
統計的に有意な結果が得られたと判断される（α=1％水準）。

43) Pearson の χ² 検定を行ったところ，χ² 値 =4.2876　P 値 =0.0384 であり，
統計的に有意な結果が得られたと判断される（α=5％水準）。

44) Pearson の χ² 検定を行ったところ，χ² 値 =10.7675　P 値 =0.0010 であり，
統計的に有意な結果が得られたと判断される（α=5％水準）。

45) Pearson の χ² 検定を行ったところ，χ² 値 =6.3049　P 値 =0.0120 であり，
統計的に有意な結果が得られたと判断される（α=5％水準）。

46) Pearson の χ² 検定を行ったところ，χ² 値 =5.5415　P 値 =0.0186 であり，
統計的に有意な結果が得られたと判断される（α=5％水準）。

47) Pearson の χ² 検定を行ったところ，χ² 値 =4.3774　P 値 =0.0364 であり，
統計的に有意な結果が得られたと判断される（α=5％水準）。

48) Pearson の χ² 検定を行ったところ，χ² 値 =5.5288　P 値 =0.0187 であり，
統計的に有意な結果が得られたと判断される（α=5％水準）。

49)　Pearson の χ^2 検定を行ったところ，χ^2 値 =4.5113　P 値 =0.0337 であり，統計的に有意な結果が得られたと判断される（α=5％水準）。

50)　Pearson の χ^2 検定を行ったところ，χ^2 値 =5.8765　P 値 =0.0153 であり，統計的に有意な結果が得られたと判断される（α=5％水準）。

51)　Pearson の χ^2 検定を行ったところ，χ^2 値 =6.2507　P 値 =0.0124 であり，統計的に有意な結果が得られたと判断される（α=5％水準）。

52)　Pearson の χ^2 検定を行ったところ，χ^2 値 =3.9449　P 値 =0.0470 であり，統計的に有意な結果が得られたと判断される（α=5％水準）。

53)　Pearson の χ^2 検定を行ったところ，χ^2 値 =12.6587　P<0.001 であり，統計的に有意な結果が得られたと判断される（α=1％水準）。

54)　Pearson の χ^2 検定を行ったところ，χ^2 値 =5.8867　P 値 =0.0153 であり，統計的に有意な結果が得られたと判断される（α=5％水準）。

55)　Pearson の χ^2 検定を行ったところ，χ^2 値 =5.5647　P 値 =0.0183 であり，統計的に有意な結果が得られたと判断される（α=5％水準）。

56)　Pearson の χ^2 検定を行ったところ，χ^2 値 =6.1008　P 値 =0.0135 であり，統計的に有意な結果が得られたと判断される（α=5％水準）。

57)　Pearson の χ^2 検定を行ったところ，χ^2 値 =5.6133　P 値 =0.0178 であり，統計的に有意な結果が得られたと判断される（α=5％水準）。

58)　Pearson の χ^2 検定を行ったところ，χ^2 値 =5.3564　P 値 =0.0206 であり，統計的に有意な結果が得られたと判断される（α=5％水準）。

59)　Pearson の χ^2 検定を行ったところ，χ^2 値 =4.3348　P 値 =0.0373 であり，統計的に有意な結果が得られたと判断される（α=5％水準）。

60)　Pearson の χ^2 検定を行ったところ，χ^2 値 =5.3995　P 値 =0.0201 であり，統計的に有意な結果が得られたと判断される（α=5％水準）。

61)　Pearson の χ^2 検定を行ったところ，χ^2 値 =5.1950　P 値 =0.0227 であり，統計的に有意な結果が得られたと判断される（α=5％水準）。

62)　Pearson の χ^2 検定を行ったところ，χ^2 値 =15.1866　P<0.001 であり，統計的に有意な結果が得られたと判断される（α=1％水準）。

63)　Pearson の χ^2 検定を行ったところ，χ^2 値 =11.8981　P<0.001 であり，統計的に有意な結果が得られたと判断される（α=1％水準）。

64)　Pearson の χ^2 検定を行ったところ，χ^2 値 =9.1539　P 値 =0.0025 であり，統計的に有意な結果が得られたと判断される（α=1％水準）。

65)　Pearson の χ^2 検定を行ったところ，χ^2 値 =4.4852　P 値 =0.0342 であり，統計的に有意な結果が得られたと判断される（α=1％水準）。

4章

歯周病を伝播してしまった，伝播されてしまった飼い主

──飼い犬と飼い主間の歯周病菌共有

1. 歯周病発症のメカニズムと臨床的な特徴

最初に歯周病発症と臨床的な特徴などについて説明し，これらの
ケースについて調査票から詳細を疫学的に明らかにする。ここでは
アメリカ人獣医師・獣医歯科医師である，ロブプライズ（Heidi B.
Lobprise）の解説（Lobprise 2012=2014）による。ロブプライズによ
れば，歯周病の定義は，「歯の支持組織（歯肉，セメント質，歯根膜，
歯槽骨）の一部または全部の炎症および感染」である。歯肉炎（辺
縁歯肉の炎症）と違って，歯周病は歯周の付着組織がある程度喪失
していることである。

1-1. 病因と病態生理

ロブプライズは，健康な状態では，無傷の上皮バリア（歯肉溝の
底の付着上皮）ならびに早い上皮のターンオーバーおよび表皮の剥
離が，細菌が組織に直接アクセスするのを防いでいる。

一部の細菌産物は付着上皮を通過して拡散し，その下にある歯肉
結合組織に到達することがある。正常な宿主防御機構は，これらの
細菌産物の侵入と，それによる損傷作用を制限する。宿主と細菌に
ついて，病原体の均衡が揺らぐと，炎症反応の強さが増加したり低
下したりする循環が始まる場合がある。歯周炎は宿主−細菌の相互

作用のバランスの乱れの結果と考えることができる。

　歯肉溝内に存在する細菌が引き起こすことは，①きれいな歯のエナメル質表面に薄膜が形成される。②この薄皮は唾液と歯肉溝滲出液から沈着したタンパク質と糖タンパクで構成される。③薄膜はグラム陽性好気性細菌を誘引する。④付着細菌の数が増えて歯垢が形成される。⑤歯垢は数日以内に厚くなり，石灰化して粗い歯石へと変化することにより歯肉を刺激する。⑥蓄積が深まるにつれて酸素が枯渇し，嫌気性の運動性桿菌とスピロヘータが歯肉縁下部位で増殖しはじめる。⑦歯石のうえにさらに歯垢が積層される。⑧嫌気性細菌が放出する内毒素が組織破壊と骨吸収を示す歯周炎を引き起こす。細菌と毒素に対する宿主の反応が宿主組織を破壊することもある。

1-2. 臨床的特徴

　歯周病は日常の健康診断で発見される。臨床的な特徴としては，口臭，紅斑性または浮腫性の歯肉炎，とくに上顎頬側面に出る。さまざまな程度の歯垢と歯石が形成され，歯肉の表面が触れると容易に出血する。6カ月齢以上の犬が罹患する可能性がある。3才以上の各種ペットの80％以上に歯肉炎がある。

1-3. 診断と治療・処置

　麻酔下での口腔検査を行うことで，詳細な肉眼検査が可能である。歯垢染色剤によりエナメル質表面への歯垢と細菌の蓄積を確認する。生検と組織検査も可能である。

　治療については，行動を修正し大きな石や棒切れなどの硬いもの

をかまないようにし，外傷を繰り返させない。日常的なホームケアと定期的な予防歯科処置が重要である。

　処置としては専門的歯周治療とその後のホームケアにより，歯肉炎を治癒させる。正しいデンタルクリーニングとは，完全な口腔検査，歯肉縁上の歯垢と歯石除去，歯肉縁下のスケーリングとルートプレーニング，ポリシング，歯肉縁下の洗浄，クリーニング後の検査，ホームケアの指導，追跡調査がある。さらに遺残乳歯や叢生歯などの素因となる因子を除去することである。歯周炎に進行してしまった場合は，病変はコントロール可能であるが，完全に正常に戻すことは不可能である。コントロールされていない歯周炎は必ず歯の喪失につながる（Lobprise 2012＝2014：176-8）。

　歯周病から飼い犬を守るためには，定期的な口腔検査が必要であり，そのプロセスは飼い主にとっては大きな負担となるだろう。またブラッシングについても，前述のように歯垢は数日以内に厚くなり，石灰化して粗い歯石へと変化することから，**少なくとも週に数回の実施が必要であろう**。この点については，大型犬，中型犬，小型犬それぞれに，そのサイズに由来する困難が想定される。

2．PCR分析による飼い犬と飼い主間のキャンピロバクター・レクタスおよびキャンピロバクター・ショワエの共有事例の疫学的分析

2-1．飼い犬に歯周病菌を伝播してしまった飼い主

　2013年，2014年および2017年調査において飼い主と犬に，キャンピロバクター・レクタス（C. rectus）が見つかった事例が5件あった。その他2018年調査では1事例キャンピロバクター・ショワ

エ（Campylobacter Showae）（LT631480）（以下，C. Showae と表記）
が飼い犬と飼い主から見つかった。

　該当する飼い主は，ニューヨーク州ブルックリン在住，30 代後
半の女性（**事例 1**）とカリフォルニア州バークレイ在住，40 代男性（**事
例 2**），カリフォルニア州サンフランシスコ在住，30 代男性（**事例 3**），
カリフォルニア州バークレイ在住，60 代女性（**事例 4**），カリフォ
ルニア州サンフランシスコ在住，30 代女性（**事例 5**）である。2018
年調査では共有事例はなかった。以上は C.rectus の共有事例である。
くわえてヒト由来の歯周病菌である C.showae の共有事例は，カリ
フォルニア州サンフランシスコ在住，50 代男性（**事例 6**）である。
30 代から 60 代に散らばり，男女同数である。

　事例 1　職業は「自営業」であり，「大学卒業」である。出身地
もニューヨーク州ブルックリンと回答されている。収入は「501～
1000 万円」であり，「分譲マンション」を所有している。住宅の間
取りは「ワンベッドルーム」に，3 人で住んでいる。夫婦と子ども
からなる世帯と考えられる。

　事例 2　職業は「給与所得者」であり，「短大卒業」である。出
身地はカリフォルニア州ではなく山岳地帯時間地域（Mountain time
zone）である。収入は「500 万円以下」であり，「戸建住宅所有」
である。住宅の間取りは「2～3 ベッドルーム」に，3 人で住んでい
る。事例 1 と同様に夫婦と子どもからなる世帯と考えられる。

事例3 職業は「給与所得者」であり，「大学卒業」と回答している。出身地はカリフォルニア州サンフランシスコである。収入は「501～1000万円」であり，「アパート賃貸」である。住宅の間取りは「ワンベッドルーム」であり，2人で住んでいる。子どものいないカップルと考えられる。

事例4 職業は不明，「大学院修了」と回答している。出身は事例3と同じくカリフォルニア州であるが，対岸のバークレイである。収入は「1001～1500万円」であり，「ワンベッドルーム」の「集合住宅所有」に1人で住んでいる。高齢単身居住者である。

事例5 職業は「給与所得者」であり，「大学卒業」である。カリフォルニア州出身でサンフランシスコ在住である。収入は「500万円以下」であり，「4ベッドルーム以上」の「賃貸戸建」に6名で住んでいる。夫婦と子ども世帯と考えられる。

事例6 職業は「自営業」であり，「大学院修了」である。カリフォルニア州出身，サンフランシスコ市に住む。収入は「1501万円以上」であり「2～3ベッドルーム」の「集合住宅」を所有し夫婦で住んでいる。

2-2. 歯周病菌共有　飼い犬

事例1 飼い犬は3才のミニチュア・シュナウザーで，2年半飼っている。給餌は1日1回で，「固形ドッグフード」と「人の残り物」を餌としている。「自らが飼育担当者」である。

事例2　飼い犬は5才のラブラドールとボーダーコリーのミックスである。5年飼っている。給餌は1日2回で，「生肉」「ドッグフード」と「人の残り物」を餌としている。食器も犬と「共用している」と回答している。主な飼育担当者は「回答者と妻」で共同して行っている。犬の就寝場所は飼い主と「同じベッド」または「犬用ベッド」である。

事例3　飼い犬は犬齢不明のプードルであり，1日に3回「固形ドッグフード」を与えている。「食器の共用はなく」，「自らが飼育担当者」と回答している。飼い犬の就寝場所は「その他」を選択している。

事例4　1才のプチ・バセット・グリフォン・バンデーンを飼っている。この飼い犬以前に飼育歴はない。食器の「共用はなく」，1日2回「固形ベットフード」を与えている。一人暮らしであり「自分が飼育担当者」である。飼い犬の就寝場所は飼い主と「同じベッド」である。

事例5　2才のピットブルテリア，ラブラドール，チワワを飼っている。1日の給餌回数は2回「固形ドッグフード」を与えている。「妹と自分が飼育担当者」である。飼い犬の就寝場所は「室内の犬舎」である。

事例6　8才のシュナウザーとプードルを飼っている。1日の給餌回数は2回，「固形ドッグフード」を与えている。「食器を共用」

し「同じベッド」に寝ている。

2-3. 散歩の実施と旅行時の預かりについて

　旅行時の預け先は飼い犬にとって，その住居についでセキュリティが確保された場所である。

　事例1　「1日に数回散歩」をしており，「合計60分」と回答されている。30代でビジネス・オーナーという現在の状況からも，限られた時間的な余裕を1日数回合計60分の散歩に使っていると考えられる。旅行時には「親族者に犬を預け」ている。

　事例2　同様に「1日に数回散歩」をしており，「合計45～90分」と回答されている。旅行時には「犬を連れて出かける」と回答している。

　事例3　同じく「1日に数回散歩」をしており，60分以上散歩していると回答している。旅行時には「近隣や友人に預ける」と回答している。

　事例4　「1日に数回散歩」をしており，「30分程度」であると回答している。旅行時には「連れて出かける」と回答している。

　事例5　「1日に1回」，「120分」散歩をしていると回答している。旅行には「出かけない」と回答している。

事例6　「1日に1回」,「30分」散歩をしていると回答している。旅行時には「預かり施設に頼む」と回答している。

2-4. ペット友人・ペットフレンドリーなコミュニティについて

事例1　ペット友人がいると回答し，出会ったのは公園でと回答している。ペット友人とのコミュニケーション内容は,「飼育の方法」をあげている。さらに，飼育に関する情報の最も重要な源泉はペット友人をあげている。飼育歴も短く子犬の飼育に，ペット友人を大切にしていることがわかる。また，飼育マナーの悪い飼い主のイメージとして「排泄物を放置する飼い主」をあげている。飼育に必要な施設としても，ペットフレンドリーなコミュニティとしても,「公園の存在」が重要であると考えている。この回答者にとって公園は散歩をさせる場であり，同時に飼育に関する知識を得る，ペット友人のいる場所でもある。

事例2　ペット友人がいると回答し，友人から紹介されたペット友人であると回答している。ペット友人とのコミュニケーション内容は,「飼い犬に関係のない話題」であると回答している。飼育に関する情報の最も重要な源泉はペット友人をあげている。飼育歴は5年であり，飼い犬の飼育において，ペット友人を大切にしていることがわかる。また，飼育マナーの悪い飼い主のイメージとして，求められている「予防接種をしていない飼い主」をあげている。飼育に必要な施設は，事例1とは異なり「動物病院が近い場所」と回答している。飼い犬の健康状態に対して強い関心があると考えられる。

事例3　ペット友人がいると回答し，公園で出会ったペット友人であると回答している。ペット友人とは「飼育方法」を話題にすると回答している。飼育知識の源泉は家族をあげている。マナーの悪い飼い主のイメージとして，「しつけをしていない」ことをあげている。子どものいないカップルであることから，飼い犬を子どものように考え，公園でしつけのされていない犬と出会うことは飼い犬を危険にさらすことのように考えている。飼育に必要な施設は「公園」をあげている。

　事例4　同様にペット友人がいると回答し，公園で出会ったと回答している。ペット友人とは「飼育方法」について話していると回答している。飼育知識については獣医師から得ている点が他の事例とは異なる。マナーの悪い飼い主のイメージとして，「予防接種をしない」飼い主をあげている。ドッグパークでは，予防接種をしていない飼い犬はほぼみられない。このことから事例4の回答者にとってはクローズされたドッグパークは安心できる空間である。一方で路上は予防接種をしていない犬と出会う可能性があることから，安心できない空間と考えていると思われる。にもかかわらず，飼育に必要な施設としては「動物病院および獣医師」をあげている。回答者は高齢であることからも，自らと同様に，犬齢無回答の飼い犬の健康に留意している。ペットフレンドリーなコミュニティのイメージは，動物病院でも公園などの広い空間でもなく，詳細無回答なその他と回答している。

2-5. 歯周病ケアについて

　事例 1　飼い犬に対して，歯周病ケアをしていると回答し，実施頻度について週 1 回と回答している。ケア方法は「ブラッシングと犬用ガム」と回答している。自分自身および家族の歯周病菌有無については，「わからない」と回答している。

　事例 2　飼い犬に対して，歯周病ケアをしていると回答し，実施頻度について週数回と回答している。事例 1 よりも歯周病ケアの頻度は高いが，歯周病菌を犬に伝播している。ケア方法は「その他」を選択し具体的には「引き綱」と「犬用ガム」と回答している。自分自身および家族の歯周病菌有無については，「持っていない」と回答している。

　事例 3　飼い犬に対して，歯周病ケアをしていると回答し，実施頻度としては月 1 回から数カ月に 1 回と回答している。事例 1 および事例 2 に比べると，歯周病ケア方法は「獣医師から指導された方法」を用いているが，実施頻度は低い。30 代男性の給与所得者のカップルであることから，手がかかる大型犬ではなく，小型犬であるにもかかわらず時間的な制約のため，十分な歯周病ケアができていないことがわかる。飼い主自身の歯周病菌保有はなしと回答している。

　事例 4　飼い犬に対して，歯周病ケアをしていると回答している。実施頻度も事例 3 と同様月 1 回から数カ月に 1 回と頻度は低い。実施方法についても「獣医師から指導された方法」と回答している。

回答者は 60 代女性であり，小型犬であるにもかかわらず作業負担が多いためか実施頻度が低い。

　事例 5　同様に「獣医師から指導された方法」と回答している。飼い主自身の歯周病保有については，事例 2・3・4 と同様になしと回答している。

　事例 6　歯周病ケアを「していない」と回答している。自らについても歯周病菌を保持していないと回答している。この事例での歯周病菌は他の全ての事例とは異なり，C.rectus ではなく，C.showae（LT631480）である。

2-6. 共有原因の考察

　C.rectus 伝播について，事例 1 の場合は小型犬ミニチュア・シュナウザーを飼っている。事例 3 は小型犬のプードル，事例 4 も小型犬のプチ・バセット・グリフォン・バンデーンである。これら 3 事例は同様にワンベッドルームという住居環境から，飼い犬との密接度が高いと考えられる。事例 2 では大型犬ラブラドールと中型犬ボーダーコリーのミックスを飼っており，2〜3 ベッドルームに住むことから，事例 1・3・4 よりは密接度は低いと考えられる。

　事例 1　回答者が主なケアを担当しており，餌として固形ドッグフードと食事の残り物を与えていることから，C.rectus が伝播したものと考えられる。

事例2　ケアを回答者と妻で共同して行っており，生肉，ドッグフードと人間の残り物を餌としている。また食器も犬と共用し，犬の就寝場所が飼い主と同じベッドまたは犬用ベッドであることから，C.rectus が伝播したものと考えられる。ケアの実施頻度と方法についても，ペット友人からのアドバイスがあったと考えられる。

事例3　2頭の飼い犬にいずれも C.rectus が見つかった。しかしながら，この事例でのそれぞれの C.rectus は PCR 分析の結果配列が異なる。このことは1頭が，質問紙に回答し唾液サンプルを提供した飼い主から C.rectus が伝播し，もう1頭はその他の人物から C.rectus が伝播したことになる。この事例ではもう一人の異なる C.rectus を持つ同居家族から伝播したと考えられる。餌として固形ドッグフードを与え，飼い犬との食器共用はされていないため，これ以上の伝播の詳細はわからない。旅行時の預け先にて伝播した可能性はある。主な飼育担当者は自分であると回答している。回答者とは異なる C.rectus が伝播したもう1頭の飼い犬は，別の同居家族から伝播したことが考えられることから，この事例では，主なケア担当者であるかないかは，伝播を説明できない。

事例4　固形ドッグフードを与えており，飼い犬との食器共用はないと回答している。回答者は1人で暮らしており，飼い犬の健康に留意し獣医師からの健康指導を受けていることから，他人から伝播したとは考えにくい。ただ就寝場所については飼い主と同じベッドと回答していることから，就寝時の密接度から伝播したことが考えられる。

事例1では，歯周病ケアについて「週1回の実施」であるにもかかわらず，同居家族が多く伝播の可能性が高いことが，原因の一つとなっている。事例2は「週に数回実施」し，ケアとして様々な方法を利用しているにもかかわらず，伝播している。事例3および事例4は獣医師からのアドバイスをうけているが「月1回から数カ月に1回」と低い実施頻度であるため，伝播している。獣医師の指導においては実施頻度についても指示があると考えられる。月1回から数カ月に1回という事例3および事例4の低い実施頻度は，時間がないまたは手がかかることから，その程度の頻度にならざるを得ないと認識しているものと考えられる。

2-7. まとめ

2013・2014年調査では2事例，飼い主と飼い犬のC.rectus共有事例が発見された。2017年調査では3事例が発見された。しかし，回収サンプル数がさらに多い2018年調査では同様の事例はなかった。その一方で，初めてC.showaeの共有事例の発見があった。さらに3.に示すC. sp. canine oralの共有事例が初めて発見された。このことはC.rectusの流行がとまったことなどが考えられる。この点についてはこれ以上の考察はできない。飼い犬と飼い主をめぐる条件は変わっていないものの，歯周病菌自体の感染状況が変化したと考えられる。

3. キャンピロバクター・カニインの共有事例の疫学的分析
3-1. 飼い犬から歯周病菌を伝播されてしまった飼い主

本書において注目しているC.rectusは人から犬に一方向に伝播

する。一方で Campylobacter sp. canine oral（JN713171）（以下 C. sp.canine と表記）は犬の口腔に由来する菌である。これらの菌が人から検出されることはない。しかしながら 2017 年調査結果では 18 事例において，2018 年調査では 14 事例が飼い主と飼い犬から検出されている。このことは飼い犬から飼い主へ菌が伝播した，共有事例と考えられる[1]。これら合計 32 事例は 2017 年と 2108 年調査において初めて発見された。2013 年調査と 2014 年調査では確認されていない。ニューヨーク市ブルックリン調査（NY と略記）において 15 事例，サンフランシスコ市調査（SF と略記）において 16 事例が検出された。ここではこのうちの有効回答票である 30 事例について疫学的分析を試みる。一部の質問については回答されていない。

3-2. 性別と年齢

　飼い主の性別については，男性が 10 名（NY 5 名，SF 5 名），女性が 20 名（NY 9 名，SF 11 名）である。

　年齢については，10 代 1 名（NY），20 代 1 名（NY），30 代がもっとも多く 14 名（NY 8 名，SF 6 名），40 代 4 名（NY 1 名，SF 3 名），50 代 4 名（NY 2 名，SF 2 名），60 代 4 名（NY 1 名，SF 3 名），70 代 1 名（SF）である。飼い犬由来の歯周病菌であり，年齢が低くても飼い主に伝播している。

3-3. 職業と学歴

　職業については，学生 1 名（NY），専業主婦 1 名（NY），給与所得者がもっとも多く 17 名（NY 10 名，SF 7 名），自営業 5 名（NY 3 名，SF 2 名），その他が 5 名（NY 1 名，SF 4 名）である。

学歴については，高校卒業が2名（NY1名，SF1名），大学卒業がもっとも多く14名（NY8名，SF6名），大学院修了が12名（NY6名，SF6名）である。

3-4. 出身地と居住地と収入

　NY調査での回答者15名のうち9名は，ニューヨークエリアの出身であり，ニューヨーク市に居住している。その他6名はその他の地域出身で，ニューヨーク市には居住していない。一時的な訪問者である。SFでの回答者14名のうち13名はカリフォルニアの出身であり，サンフランシスコ圏に居住している。その他の1名はその他の地域の出身で，サンフランシスコ圏には居住していない，訪問者である。

　収入については年収で，「なし」が5名（NY3名，SF2名），「500万円以下」が6名（NY1名，SF5名），「501〜1000万円以下」がもっとも多く8名（NY6名，SF2名），「1001〜1500万円以下」が6名（NY4名，SF2名），「1501万円以上」が5名（NY1名，SF4名）である。

4. 居住条件について─様式・間取り・同居人数
4-1. 住宅の様式

　住宅の様式については，「戸建て所有」が6名（NY3名，SF3名），「集合住宅所有」が1名（NY），「戸建て賃貸」が8名（NY4名，SF4名），「賃貸アパート」がもっとも多く14名（NY7名，SF7名）である。

4-2.　住宅の間取り

　住宅の間取りについては，「ワンルーム」が 11 名（NY 4 名，SF 7 名），「2〜3 ベッドルーム」が最も多く 17 名（NY 10 名，SF 7 名），「4 ベッドルーム以上」が 2 名（NY，SF 各 1 名）である。狭い住宅の方が飼い犬との密接度は高くなると考えられるが，最も狭いと考えられる「ワンルーム」ではなく，「2〜3 ベッドルーム」で伝播が多い。飼い犬と 1 対 1 の関係よりも，家族と住んでいる方が歯周病菌が伝播している。

4-3.　同居者数

　回答者本人を含む同居合計人数は，「1 人」が 9 名（NY 4 名，SF 5 名），「2 人」が最も多く 15 名（NY 8 名，SF 7 名），「3 人」が 2 名（NY，SF 各 1 名），「4 人」が 4 名（NY 1 名，SF 3 名）である。前述のように単身世帯ではなく，2 人世帯の方が伝播は多い。

5.　飼育経験と犬種

5-1.　飼育年数

　飼育経験については，「0〜3 年」が最も多く 16 名（NY 7 名，SF 9 名），「4〜6 年」が 4 名（NY 3 名，SF 1 名），「7〜9 年」が 5 名（NY 2 名，SF 3 名），「10 年以上」が 3 名（NY 1 名，SF 2 名），である。飼育経験が少ない方が伝播は多い。

5-2.　犬種

　犬種は多頭飼いをふくめて 33 頭について回答されている。大型犬が最も多く 15 頭，中大型犬 2 頭，中型犬 3 頭，小型犬 8 頭，不

明が5頭である。

6. 給餌

6-1. 給餌回数

　1日の給餌回数について，1回は3名（NY2名，SF1名），2回が最も多く25名（NY13名，SF12名），その他には5回（SF）という回答があった。

6-2. 餌の種類

　日常的な餌の種類については，「生肉」が4名（NY2名，SF2名），「固形ドッグフード」が最も多く20名（NY12名，SF8名），「家族の残り物」が1名（NY），その他が5名（NY1名，SF4名）である。飼い主から飼い犬への伝播の場合は，家族の残り物は原因となりうるが，餌の種類は飼い犬から人への伝播の原因とはなっていない。

6-3. 食器共用

　飼い犬との食器共用については，「している」が8名（NY2名，SF6名），「していない」が22名（NY13名，SF9名）である。人が使った食器をそのまま飼い犬が利用することで，人から飼い犬への伝播があったとしても，飼い犬が使った食器を人がそのまま使うことは，あまり考えられないのではないか。

7. 飼い犬と飼い主の親密度

7-1. 主なケア担当者

　誰が主なケア担当者であるかについては，28名が「自分が主な

ケア担当者」であると回答している。「自分と家族」という回答は
2 名（SF）であった。散歩だけ担当しているまたは，ドッグシッタ
ーは含まれていない。伝播の原因のひとつとして，飼育実践を 1 人
で担っていることがわかる。

7-2. 飼い犬の就寝場所

　飼い犬がどこで寝ているかについては，「床」が 7 名（NY 5 名，
SF 2 名），「自分と同じベッド」が最も多く 16 名（NY 8 名，SF 8 名），
「その他」が 5 名（NY 2 名，SF 3 名）であった。同じベッドは伝播
の大きなリスク要因と考えられる。

8.　歯周病ケア方法と頻度
8-1. 飼い犬の歯周病ケアの実施有無

　飼い犬の歯周病ケアの実施について，「している」が 18 名（NY 10
名，SF 8 名），「していない」が 5 名（NY 1 名，SF 4 名），「わからな
い」が 5 名（NY 3 名，SF 2 名），「その他」が 1 名（NY）である。
2017 年調査と 2018 年調査合計で約 260 の飼い犬の唾液を PCR 分
析した。結果としては約 80％以上の犬から，ここではとりあげて
いない各種の歯周病菌が発見された。

8-2. 歯周病ケアの実施頻度

　実施頻度については，「毎日」が 3 名（NY 1 名，SF 2 名），「週に
数回」が 5 名（NY 3 名，SF 2 名），「週に 1 度」が 5 名（NY 4 名，
SF 1 名），「数カ月に 1 度」が最も多く 8 名（NY 4 名，SF 4 名），「そ
の他」が 4 名（NY 1 名，SF 3 名），「無回答」が 6 名（NY 2 名，SF 4

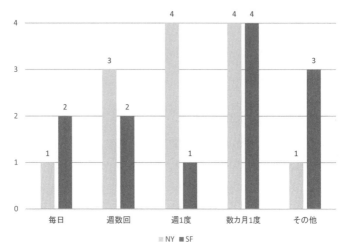

図 4-1　C.sp.canine 伝播と歯周病ケア実施頻度　(N=25)

名）である。ケア頻度については必要と考えられる「週に数回」以上が合計 8 名にとどまっている。

8-3. ケア実施と頻度

　30 名のうち 28 名がケアを実施していると回答しているが，頻度としては「毎日」から「数カ月に 1 度」にひろがる。これまでの調査結果同様に，ケアを「している」意識と「頻度」にはずれがある。ケアとしての効果が期待できなくても，実施しているという意識となっている。飼い犬から飼い主に菌の伝播があることからも，当然の帰結と考えられる。人から飼い犬への伝播については，飼い主のケア不足が明らかである。しかしながらそのことによって，飼い主自身が犬由来の歯周病菌に伝播し，歯周病菌を保持していることを

知ったとするならば，ケアに関する行動は明らかに変化すると思われる。飼い主自身がセルフディフェンス意識を，持つことが強く求められる。

9. 歯周病菌保持の意識

飼い主の歯周病菌保持に関する意識については，「保持している」が2名（NY），「保持していない」が20名（NY 11名，SF 9名），「わからない」が6名（NY 1名，SF 5名），「無回答」が2名（NY，SF）である。ケア意識と実施頻度のずれに対して，自らの歯周病菌保持については，飼い犬から伝播したとは気づきようもないことを差引いても，間違った認識を持っている。回答者が飼い犬からの歯周病菌菌伝播を知ったならば，飼い犬と自らの歯周病ケアに対して，大いに意識が変容するであろう。

10. 個別の伝播事例の検討

事例1から17は，2017年調査での事例であり，事例18以降は2018年調査での事例である。

地区別では，事例1から12，および18から20はニューヨーク調査での回答者，事例13から17，および21から30はサンフランシスコ調査の回答者である。

10-1. 2017年調査

事例1　ニューヨーク圏から離れた東海岸地区出身で，出身地に住むニューヨーク訪問者である。30代の女性で「大学卒業」の「専業主婦」である。「ワンルーム」の「賃貸アパート」に住み，夫と

2人暮らしである。飼育歴は5年で中型の柴犬を飼っている。1日の給餌は2回,「その他」の餌を与えている。飼い犬との食器共用はしていない。自らが「飼育担当者」であり,飼い犬の就寝場所は「床」である。歯周病ケアは「その他の方法」で「週に数回」実施している。自らの歯周病菌保持については,「保持していない」と回答している。狭い居住空間に暮らし,ケアをしているにもかかわらず,飼い犬から歯周病菌が伝播した。狭い居住空間における親密な接触が伝播の原因と考えられる。

　事例2　西海岸地区出身で,出身地に住むニューヨーク訪問者である。30代の女性で「大学院修了」の「給与所得者」である。「2〜3ベッドルーム」の「賃貸アパート」に住み,夫と2人暮らしである。飼育歴は1年で大型のラブラドール,ボクサーと中型のピットブルテリアを飼っている。1日の給餌は2回,「固形ドッグフード」を与えている。飼い犬との食器共用はしていない。自らが「飼育担当者」であり,飼い犬の就寝場所は「その他」である。歯周病ケアは「その他の方法」で「週に1回」実施している。自らの歯周病菌保持については,C.rectusを保持しているが,「保持していない」と回答している。居住空間は狭くはないが,多頭飼いにより飼い犬から歯周病菌が伝播したものと考えられる。飼い主の歯周病C.rectusは飼い犬に伝播していない。

　事例3　ニューヨーク出身で,ブルックリンに住む。50代男性で「大学院修了」の高収入の「給与所得者」である。「4ベッド以上」の「戸建て所有」し住んでいる。妻と2人暮らしである。飼育歴は

2年で中大型のシェパードと大型のハウンドを飼っている。1日の給餌は2回，「固形ドッグフード」を与えている。飼い犬との食器共用をしている。自らが「飼育担当者」であり，飼い犬の就寝場所は「その他」である。歯周病ケアは「ブラッシング」で「毎日」実施している。自らの歯周病菌保持については，「保持していない」と回答している。広い居住空間に少ない人数で暮らし，十分なケアをしているにもかかわらず，飼い犬から歯周病菌が伝播した。食器共用がひとつの原因と考えられる。

　事例4　ニューヨーク出身で，ブルックリンに住む。50代女性で「大学院修了」の「給与所得者」である。「2〜3ベッドルーム」の「賃貸アパート」に1人で住んでいる。飼育歴は9年で小型のコトンを飼っている。1日の給餌は2回，「固形ドッグフード」を与えている。飼い犬との食器共用はしていない。自らが「飼育担当者」であり，飼い犬の就寝場所は「同じベッド」である。歯周病ケアは「その他の方法」で「数カ月に1度」実施している。ケアをしているかについては，「している」とも「していない」でもなく，「その他」と回答している。「数カ月に1度」をケア「している」とは考えていない。自らの歯周病菌保持については，「保持していない」と回答している。1人暮らしで仕事もあることから，時間的制約がありケアをしているとは考えていない。十分なケアをしていないことが飼い犬から歯周病菌が伝播する理由と考えられる。さらに同じベッドで寝ていることもリスクが増すと考えられる。

　事例5　ニューヨーク出身で，ブルックリンに住む。40代女性で

「大学卒業」の「給与所得者」である。「2〜3ベッドルーム」の「戸建て賃貸」に住んでいる。夫と2人暮らしである。飼育歴は8年で中・大型のハウンドを飼っている。1日の給餌は2回，「固形ドッグフード」を与えている。飼い犬との食器共用はしていない。自らが「飼育担当者」であり，飼い犬の就寝場所は「同じベッド」である。歯周病ケアは「その他の方法」を「数カ月に1度」実施している。自らの歯周病菌保持については，「保持していない」と回答している。ケアを実施していると考えているが頻度が低く，同じベッドに寝ていることもリスクとなり，飼い犬から歯周病菌が伝播したと考えられる。

　事例6　ニューヨーク圏から離れた南東部出身で，出身地に住むニューヨーク訪問者である。年齢不明の男性で「大学卒業」の「給与所得者」である。「2〜3ベッドルーム」の「賃貸アパート」に住み，妻と2人暮らしである。飼育歴は1年で中型の柴犬を飼っている。1日の給餌は2回，「生肉」を与えている。飼い犬との食器共用はしていない。自らが「飼育担当者」であり，飼い犬の就寝場所は「床」である。歯周病ケアは「ブラッシング」を「数カ月に1度」実施している。自らの歯周病菌保持については，「保持していない」と回答している。ケアを実施していると考えているが，頻度が低く飼い犬から歯周病菌が伝播したと考えられる。

　事例7　ニューヨーク圏から離れた中西部出身で出身地に住む，ニューヨーク訪問者である。30代男性で「大学卒業」の「自営業」である。「2〜3ベッドルーム」の「賃貸アパート」に住み，4人暮

らしである。飼育歴は 4 年でミックスを飼っている。1 日の給餌は 2 回，「固形ドッグフード」を与えている。飼い犬との食器共用はしていない。自らが「飼育担当者」であり，飼い犬の就寝場所は「床」である。歯周病ケアは「ブラッシング用ガム」を「週に数回」実施している。自らの歯周病菌保持については，「保持していない」と回答している。どの条件についても極端にリスクが高いとは言えないが，飼い犬から歯周病菌が伝播した。

事例 8　ニューヨークに隣接する州の出身で，ニューヨーク圏に住む。20 代女性で「高校卒業」の低収入の「自営業」である。「ワンルーム」の「戸建て賃貸」に 1 人で住んでいる。飼育歴は無回答で大型のハスキーを飼っている。1 日の給餌は 1 回，「残り物」を与えている。飼い犬との食器共用をしている。自らが「飼育担当者」であり，飼い犬の就寝場所は「床」である。歯周病ケアは「ブラッシング」を「週に 1 度」実施している。自らの歯周病菌保持については，「わからない」と回答している。飼い犬との食器共用により，飼い犬から歯周病菌が伝播したものと考えられる。

事例 9　ニューヨーク出身で，ニューヨーク市内に住む。30 代女性で「大学院修了」の「給与所得者」である。「2～3 ベッドルーム」の「賃貸アパート」に住んでいる。夫と 2 人暮らしである。飼育歴は 3.5 年で犬種不明を 1 頭飼っている。1 日の給餌は 2 回，「固形ドッグフード」を与えている。飼い犬との食器共用はしていない。自らが「飼育担当者」であり，飼い犬の就寝場所は「同じベッド」である。歯周病ケアは「ブラッシング用ガム」を「数カ月に 1 度」実

施している。ケア実施については「よくわからない」と回答している。自らの歯周病菌保持については，「保持していない」と回答している。実施頻度が低く同じベッドで寝ているため，飼い犬から歯周病菌が伝播したものと考えられる。

事例 10　ニューヨーク圏から離れた西海岸地区出身で，出身地に住むニューヨーク訪問者である。30 代女性で「大学卒業」の「給与所得者」である。「ワンルーム」の「賃貸アパート」に 1 人で住んでいる。飼育歴は 2 年で小型犬フレンチブルドッグを飼っている。1 日の給餌は 2 回，「固形ドッグフード」を与えている。飼い犬との食器共用はしていない。自らが「飼育担当者」であり，飼い犬の就寝場所は「同じベッド」である。歯周病ケアは「その他」，ケア実施については「よくわからない」と回答し，頻度については無回答である。自らの歯周病菌保持については，「保持していない」と回答している。ケア実施の認識がなく，実施頻度も「わからない」である。ケア認識がないことと同じベッドで寝ていることが伝播のリスクを高めている。

事例 11　ニューヨーク出身で，ニューヨーク市内に住む。60 代女性で「大学卒業」，現在の職業については「その他」である。「2〜3 ベッドルーム」の「戸建て所有」に住んでいる。夫と子ども 3人暮らしである。飼育歴は 10 年で小型犬ハバネーゼを飼っている。1 日の給餌は 2 回，「固形ドッグフード」を与えている。飼い犬との食器共用はしていない。自らが「飼育担当者」であり，飼い犬の就寝場所は「同じベッド」である。歯周病ケアは「ブラッシング」

を「毎日」実施している。自らの歯周病菌保持については，「保持している」と回答している。自らも歯周病菌を保持し，十分なケアをしているにもかかわらず，飼い犬から歯周病菌が伝播した。同じベッドで寝ていることが理由と考えられる。

　事例 12　ニューヨークに隣接する州の出身で，ニューヨーク圏に住む。30 代女性で「大学院修了」の年収 500 万円以下の「自営業」である。「ワンルーム」の「戸建て賃貸」に 1 人で住んでいる。飼育歴は 1 年で大型のファラオハウンドを飼っている。1 日の給餌は 2 回，「固形ドッグフード」を与えている。飼い犬との食器共用はしていない。自らが「飼育担当者」であり，飼い犬の就寝場所は「床」である。歯周病ケアをしていると回答しているが，方法と頻度については無回答である。自らの歯周病菌保持については無回答である。

　事例 13　カリフォルニア出身で，サンフランシスコ圏に住む。70 代女性で「大学卒業」，現在は退職後の生活である。「2〜3 ベッドルーム」の「戸建て賃貸」に住んでいる。夫と 2 人暮らしである。飼育歴は 4 カ月でミックスを飼っている。1 日の給餌は 5 回，「生肉」を与えている。飼い犬との食器共用をしている。自らが「飼育担当者」であり，飼い犬の就寝場所については無回答である。歯周病ケアは「していない」と回答している。高齢者で困難なためケアを実施していないことが，飼い犬からの歯周病菌が伝播の原因と考えられる。

　事例 14　カリフォルニア出身で，サンフランシスコ圏に住む。

60 代女性で「大学卒業」，現在は退職後の生活である。「2～3 ベッドルーム」の「戸建て所有」している。夫と 2 人暮らしである。飼育歴は無回答で，1 才と 10 カ月 2 頭のジャーマンショートヘアーを飼っている。1 日の給餌は 2 回，「その他」の餌を与えている。飼い犬との食器共用をしている。自らが「飼育担当者」であり，飼い犬の就寝場所については「床」である。歯周病ケアは「していない」と回答し，「数カ月に 1 度」実施していると回答している。自らの歯周病菌保持については，「保持していない」と回答している。「数カ月に 1 度」では十分に実施しているとは考えていない。歯周病ケアを実施していないことが飼い犬からの伝播の原因となっている。

事例 15　カリフォルニア出身で，サンフランシスコ圏からは離れた場所に住む。60 代女性で「大学院修了」で高収入があり，現在は退職後の生活である。「2～3 ベッドルーム」を「戸建て所有」している。夫と 2 人暮らしである。飼育歴は 1.5 年で大型犬ラブラドールレトリバーを飼っている。1 日の給餌は 2 回，「固形ドッグフード」を与えている。飼い犬との食器共用をしている。自らが「飼育担当者」であり，飼い犬の就寝場所については「床」と回答している。歯周病ケアは「わからない」と回答している。

事例 16　南部地区の州出身で，出身地に住むサンフランシスコ圏訪問者である。60 代女性で「大学卒業」，現在は退職後の生活である。「ワンルーム」の「賃貸アパート」に 1 人で住んでいる。飼育歴は 1 年で小型犬ビジョンフリーゼを飼っている。1 日の給餌は2 回，「固形ドッグフード」を与えている。飼い犬との食器共用は

していない。自らが「飼育担当者」であり，飼い犬の就寝場所は「同じベッド」である。歯周病ケアを「わからない」と回答しているが，「獣医師の指示による方法」を実施している。頻度についてはその他と回答している。自らの歯周病菌保持については「保持していない」と回答している。獣医師の指示があれば，その方法を指示された頻度で実施しているだろう。自らが飼育担当者であるが，詳細については回答されていない。同じベッドで寝ていることにより伝播のリスクが増したと考えられる。

事例 17　カリフォルニア出身で，サンフランシスコに住む。30代女性で「大学卒業」の「給与所得者」である。「4 ベッドルーム以上」の「戸建て賃貸」に家族 4 人で住んでいる。飼育歴は 10 年で，小型犬パピヨンを飼っている。1 日の給餌は 2 回，「固形ドッグフード」を与えている。飼い犬との食器共用をしている。自らが「飼育担当者」であり，飼い犬の就寝場所については「同じベッド」である。歯周病ケアは「ブラッシング」を「数カ月に 1 度」実施していると回答している。自らの歯周病菌保持については，「わからない」と回答している。ケアの実施頻度が低いことと，同じベッドで寝ていることが原因と考えられる。

10-2. 2018 年調査

事例 18　ニューヨーク圏から離れた東海岸地区出身で，出身地に住むニューヨーク訪問者である。男性で年齢は無回答であるが「大学卒業」の「給与所得者」である。「2〜3 ベッドルーム」の「戸建て住宅所有」して，夫婦で暮らしている。飼育歴は 22 年と長く

2才のプードルを飼っている。1日の給餌は2回「固形ドッグフード」を与えている。自らが「飼育担当者」であり，飼い犬との食器共用はしていないが，「同じベッド」に寝ている。歯周病予防を「していない」と回答しているが，「ブラッシング」を「週数回」実施している。自らの歯周病菌保持については，「保持していない」と回答している。ケア頻度は適切であるが，歯周病ケアの認識はない。同じベッドに寝ていることが原因と考えられる。

　　事例19　ニューヨーク出身であり，ニューヨーク市内に住んでいる。30代「大学卒業」の女性で，「給与所得者」である。「2〜3ベッドルーム」の「戸建て賃貸」に子どもを含む3人で暮らしている。飼育経験年数は3年以下と短く，ミックスを1頭飼っている。1日の給餌は1回「固形ドッグフード」を与えている。自らが「飼育担当者」で飼い犬との食器共用はしていないが，「同じベッド」に寝ている。歯周病ケアは「している」と回答しているが，実施頻度は「週に1回」で，「ブラッシング」をしている。自ら歯周病菌を「保持している」と回答している。通常の歯科検診では歯周病菌の有無のみを調べる。菌の種類までを調べることはないだろう。同じベッドに寝ていることが伝播の原因と考えられる。事例19は歯周病菌の保持を認識しているが，それが飼い犬由来であるとは認識していないと考えられる。飼い犬に自ら保持する歯周病菌を伝播させないようにしているが，実際は犬由来の歯周病菌である。

　　事例20　ニューヨーク出身，ニューヨーク市内に住んでいる。30代男性，「大学院修了」で「給与所得者」（年収はなしと回答して

154

いる）である。「2〜3ベッドルーム」の「戸建て賃貸」に夫婦のみ2人で暮らしている。飼育経験年数は3年以下と短く，パグを1頭飼っている。自らが「飼育担当者」であり，給餌は1日2回「固形ドッグフード」を与えている。飼い犬との「食器共用はしていない」が，「同じベッド」に寝ている。歯周病予防を「している」と回答し，「ブラッシング」を週1回行っている。自らは歯周病菌を保持していないと回答している。この事例でも同じベッドに寝ていることが伝播の原因と考えられる。

　事例21　東海岸の出身で現在もその地区に住んでいる。SF調査に回答した訪問者である。40代男性「大学卒業」で「給与所得者」である。「ワンルーム」の「賃貸アパート」に1人で住んでいる。飼育経験は18年と長く，1才のラブラドールを1頭飼っている。自らが「飼育担当者」であり，給餌は1日2回「固形ドッグフード」を与えている。食器共用はしていないが，「同じベッド」に寝ている。歯周病予防は「していない」と回答して，何もしていない。自らは歯周病菌を保持していないと回答している。飼い主自身が歯周病菌を保持していないと考え，飼い犬も保持していないと考え，飼い犬の歯周病菌が飼い主に伝播している事例である。この事例でも同じベッドに寝ていることが原因と考える。

　事例22　カリフォルニア州出身，サンフランシスコに住む。30代男性「大学院修了」「給与所得者」（年収はなしと回答している）である。「ワンルーム」の「賃貸アパート」に夫婦2人で暮らしている。飼育歴は7年であり，6才のスパニエールミックスを1頭飼育して

いる。自らが「飼育担当者」であり，給餌は1日1回，「固形ドッグフード」を与えている。食器共用は「していない」，就寝場所は同じベッドではない，「その他」の場所に寝ている。歯周病予防を「している」と回答し，「ブラッシング」を「週数回」実施している。自らは歯周病菌を保持していないと考えている。同じベッドに寝ていなくても伝播している事例である。適切な頻度でブラッシングを実施しているが，飼い犬から飼い主への伝播であるから，飼い主自身のセルフディフェンスが意識されていなければ，伝播するであろう。

　　事例23　カリフォルニア州出身，サンフランシスコエリアに住んでいる。50代女性，現在の状況は「学生」（年収は500～1000万円と回答している）である。「ワンルーム」の「賃貸アパート」に夫婦2人で暮らしている。飼育経験は12年と長く7才のチワワを1頭飼っている。給餌回数は1日2回で，「その他の餌」を与えている。自らが「飼育担当者」であり，飼い犬と「同じベッド」に寝ている。歯周病菌ケアについては「している」と回答し，「週数回」「獣医師指導による方法」を実施している。自らの歯周病菌保持については「わからない」と回答している。自らが根拠なく，歯周病菌を保持していないと考えず，飼い犬に対しては獣医師指導による適切な方法を，適切な頻度で実施しているにもかかわらず，自らが飼い犬から歯周病菌を伝播している事例である。飼い犬からの伝播は，飼育経験が長くても意識されていないことがわかる。

　　事例24　カリフォルニア州出身，サンフランシスコ市に住む。

40代男性，「大学院修了」で「給与所得者」である。「2〜3ベッドルーム」の「分譲マンション」を所有し，4人で住んでいる。飼育経験は5年，ラブラドールを2頭飼っている。1日の給餌回数は3回，「その他の餌」を与えている。自らが「飼育担当者」であり，食器共用はしていないが，飼い犬と「同じベッド」に寝ている。歯周病予防を「している」と回答しているが，頻度も方法も「その他」と回答している。自らの歯周病菌保持についても「わからない」と回答している。自らが「飼育担当者」であると回答しているにもかかわらず，歯周病ケアについては詳細がわからない。自らが主な飼育担当者であるが，歯周病ケアについては他の家族員に委ねているのであろう。

　事例25　出身地については回答されていないが，サンフランシスコ市に住む。40代男性，「高校卒業」で「給与所得者」である。「2〜3ベッドルーム」の「賃貸アパート」に2人で住んでいる。飼育経験年数は「3年以下」であり，犬種と飼育頭数は回答されていない（この回答者は有償ドッグウォーカーと考えられる）。1日の給餌は2回，「固形ドッグフード」を与えている。自らと他の家族員で飼育を担当している。食器は共用せず，犬とは離れて寝ている。歯周病ケアはしていない。自らの歯周病菌保持については「わからない」と回答している。有償ドッグウォーカーは飼い主に比べれば，犬と親密な関係にはないだろう。そのような状況でも，犬からの歯周病菌伝播があることには注意しなければならない。

　事例26　カリフォルニア州出身，サンフランシスコ市に住む。

30代女性,「大学院修了」で「給与所得者」である。「ワンルーム」の「賃貸アパート」に夫婦で暮らしている。飼育経験は12年で, 8才のゴールデンレトリバーを1頭飼っている。1日の給餌は2回,「固形ドッグフード」を与えている。自らと他の家族員で飼育を担当している。食器共用は「していない」, 就寝場所は床である。歯周病ケアを「している」と回答し,「毎日」「その他の方法」で予防を実施している。自らの歯周病菌保持については,「わからない」と回答している。就寝場所も離れており, 歯周病ケアも特別な方法で毎日実施しているが, 飼い主に伝播している。

事例27 カリフォルニア州に隣接する州の出身であり, そのエリアに住んでいる来訪者である。30代女性,「大学卒業」で「自営業」である。「ワンルーム」の「賃貸アパート」に1人で住んでいる。飼育経験は5年で, 3才の土佐犬を1頭飼っている。1日の給餌回数は2回,「固形ドッグフード」を与えている。自らが「飼育を担当」しており, 食器は共用している。就寝場所は「同じベッド」である。歯周病ケアは「実施している」が「週1回」「その他の方法」で行っている。自らの歯周病菌保持については,「わからない」と回答している。

事例28 カリフォルニア州出身, サンフランシスコ市に住む。30代女性,「短大卒業」で「自営業」である。「ワンルーム」の「賃貸アパート」に1人で住んでいる。飼育経験は3年半で, 生後2週間のラブラドールを1頭飼っている。1日の給餌は4回,「その他の餌」を与えている。自らが「飼育を担当」しており, 食器も共用

158

し，同じベッドに寝ている。歯周病ケアは「していない」が，「その他」の頻度と方法で実施している。自らの歯周病菌保持は「していない」と回答している。生後 2 週間の子犬が歯周病菌を保持しているとは考えにくいから，以前の飼い犬から歯周病菌が伝播したことが考えられる。

事例 29　カリフォルニア州に隣接する州の出身であり，そのエリアに住んでいる来訪者である。30 代男性，「大学卒業」で，「給与所得者」である。「2〜3 ベッドルーム」の「戸建て賃貸」に 4 人で住んでいる。飼育経験年数は 1 年半だが，2 才のドーベルマンとビズラを飼っている。給餌回数は 2 回で，「生肉」を与えている。自らが「飼育担当者」であり，食器を共用しているが，飼い犬は床に寝ている。歯周病ケアは「ブラッシング」を「している」と回答しているが，「月 1 回以下」である。自らは歯周病菌を保持していないと回答している。飼育経験が短く大型犬を飼っている。飼い犬との距離はとっているが，飼い主に伝播している。

事例 30　出身州は不明，サンフランシスコ市に住む。50 代女性，「短大卒業」で「給与所得者」である。「2〜3 ベッドルーム」の「戸建て賃貸」に 1 人で住んでいる。飼育経験は 6 年で 3 才のチワワを 1 頭飼っている。給餌回数は 1 日 2 回で「生肉」を与えている。自らが「飼育担当者」であり，「同じベッドに寝ている」が，食器の共用はしていない。歯周病ケアは「している」と回答しているが，「ブラッシング」を「月 1 回以下」である。自らは歯周病菌を保持していないと回答している。この事例も同じベッドに寝ていることが，

伝播リスクを招いていると考えられる。

10-3. まとめ

　単純集計結果では約40％の飼い主が飼い犬と同じベッドに寝ている。一緒のベッド寝ていることが，飼い主から飼い犬へ歯周病菌を伝播させてしまうリスクがあること，さらに2017・2018年調査結果からわかるように，犬由来の歯周病菌が飼い犬から飼い主に伝播することがあることを，広く理解させる必要があると考える。歯周病菌自体の流行の変化について，くわしい原因を見出すことはできないが，新しい事態について確認することができた。今後人獣共通感染症としてのリスクと伝播可能性は増していると考えられる。

【注】
1）　公衆衛生学，分子生物学の研究分担者との検討により，共有事例と位置づけることにした。

5 章

ドッグパークが引き起こすコミュニティでの紛争とその解決

——バークレイ市オーロンドッグパーク（Ohlone Dog Park）と オーロンドッグパークアソシエーション（ODPA）の事例

1. オーロンドッグパーク

オーロンドッグパーク（正式名称マーサ・スコット・ベネディクト記念公園）はカリフォルニア州バークレイ市ノースバークレイにある。オーロンドッグパークは世界最古のドッグパークとして，1960年代郊外電車バート（Bart）の地下建設に際して整地された。当初の地域発展計画は，活動家による占拠により覆された。1979年周辺住民グループが「犬のための公園」と宣言した。実験的なドッグパークは1983年公式にはじまり，非営利団体 ODPA（Ohlone Dog Park Association）は，公園のメインテナンスのため結成された（Berkeley Historical Plaque Project 2016）。

　ODPA によれば，郊外と農村では伝統的にペットを飼う人口が存在した。1970年代以降の都市的環境においては，ペット数が増えたという。こうしたことと過去15年の都市化が結びつき，以前は郊外と農村と考えられた場所が都市に組み込まれ，「アーバンア

ニマル化」（urbananimal-ization）という現象が起こったと ODPA は論じている。この立場では，第1に動物が都市社会における「クオリティオブライフ」の一側面であり，今後もあり続けるという認識が立ち上がる。第2に都市社会における「クオリティオブライフ」の観点では，開発がそこに住む動物繁殖計画に配慮したものでなくてはならないと考えている。このように ODPA は，都市社会における「クオリティオブライフ」としての動物という視点を強く持ち，その実現を目指している（Ohlone Dog Park Association 2007）。

以下は同公園の使用ルールである。

利用時間　平日は朝6時から夜10時，静粛を守る時間として，朝6時から8時までと，午後8時から夜10時まで。利用時間のはじめと終わりのそれぞれ2時間は Quiet Hours としている。週末は朝9時から夜10時，午後8時から夜10時までを Quite Hours としている。

利用者は上記の静粛を守る時間を厳守しなくてはならない。その間一度でも犬が吠えた場合は，飼い主はただちに，公園から連れ出すことを含む，犬を静かにさせる手段を取らなくてはならない。この利用時間や以下のルールは，後述する多様なアクターにより10年間を超える議論において，定められたものである。

使用ルール

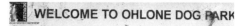

・近隣への配慮

・吠え声のコントロー
　ルと制止

・常に犬に注意を払う

・攻撃的な犬や生理中
　の犬は立ち入らせな
　いこと

・登録犬のみ立ち入り可能

・飼い主1人につき4頭までとする。

・自転車，スケートボード，スケート利用は禁止

・排泄物の処理

・飼い主自身も静粛を保つこと

・犬の騒音についてコントロールすること。すべての犬による動物
　に対するかみつきは，関係するセクションに報告すること。この
　注意書きはバークレイ市条例による　（City of Berkeley Parks Rec-
　reation & Waterfront)。

2.　アーバン・オープンスペースとしてのオーロンドッグパーク

　イギリス出身のランドスケープ建築家マルカス（Cooper Clare
Marcus）を中心とした UC バークレイ研究グループは，1990 年代
後半時点でのオーロンドッグパークを以下のように論じている。

・飼い犬の散歩

　飼い犬は伴侶動物として護身用として，通常の歩行から区別され，

163

都市においてますます一般的になっている。しかしながら，犬はどこででも運動でき，その排泄物による汚れの問題は，歩道の悪臭に対する罰金や排泄物回収の規則，公園における犬の歩行の禁止など，様々な観点からとりあげられる。公園における歩行禁止は，飼い主にとっては不当な差別的な扱いに思える。バークレイでは山積する両者間の葛藤を，申し分のない方法で解決した。公園の一角が鉄製フェンスで囲まれ，「実験的なドッグパーク」としてデザインされたのである。使用ルールは飼い主1人当たり5頭を上限とし，飼い主は敷地内から離れないこと，飼い犬の排泄物を片づけることが含まれる。

　公園は広く，草地で1.5mの高さの鉄製フェンスで囲まれ，入口には2つのドアがあり，水道の蛇口とゴミ箱があり，ピクニックテーブルと椅子がある。この公園は大いに成功した。人びとは遠方から車を走らせ利用し，暖かい日の午後4時から6時には，25頭もの飼い犬と飼い主が見られた。活動的な飼い主たちの組織（ODPA）が，公園の維持のため，新たな利用者を迎えるため，さらに公園を持続的なものとするために結成された。

　アメリカ国内の多くのコミュニティは，都市の飼い犬と飼い主のニーズに応じて，今も空間を拡げている。もちろんどの地域もドッグパークを設置するのに，十分な空間があるわけではない。地域に開かれた公園ではなく，特定の遊歩道をリードありまたはなしのドッグウォーキング用とすることは考えられない。しかしながら，多くの都市では犬専用に設えた空間は，持てたとしても1カ所だけであろう。このことは，すべての公園で犬を禁じるよりも，真っ当な解決法に見える。もしもドッグパークがコミュニティの最優先事項

ならば，犬に特化した施設を設けることが最良の解決方法であろう。ポイント・イザベル（筆者注　カリフォルニア州リッチモンドにある湾沿いのドッグパーク他，地理的に隣接する住民はいない）は，飼い犬の運動公園として高い人気をもつようになった。飼い犬の歩行に理想的なつくりであり，問題のある利用もなく，利用者の葛藤はない。最もにぎわう時間には100人の人間と，100頭以上のリードを解かれた犬が公園内にいる。犬どうしの争いはめったに起こらない（Marcus and Carolyn 1998：105-6）。

3.　オーロンドッグパークのランドスケープ特性

　マルカスらはオーロンドッグパークについて，ランドスケープ設計家として以下のように評している。少し長くなるがその一部を引用しオーロンドッグパークの概要を示す。

3-1.　概　観

　この人気のある利用者の多い公園は，低所得層から中所得層の住宅地にあり，半ブロックの幅が6ブロックにわたって続く。建っていた家屋は取り壊され，郊外電車バート開通のために開削工法が採用された1970年にこの公園は作られた。公園は東端のミルビアストリートから，6ブロック西のサクラメントストリートに伸びる。ハーストストリートは公園の南側に沿っており，多くの利用者はこの通りから公園に入る。長い北側の周囲はツタにおおわれた1.8mの高さの鉄製

フェンスにより仕切られ，接する住宅の裏庭フェンスは，北側にあるデラウエアストリートまでつながっている。公園を横切る通りは，小さな幅で交差し，マルチンルーサキングジュニアストリートだけは公園を区切るが，外周の道路の連なり，歩行者，ジョッギングする人，自転車に乗る人は横切る交通には邪魔されない。

3-2. ランドスケープ特性の説明

　この公園は西側のサンフランシスコ湾に向かって，なだらかな下りとなり，芝生ごとに区切られたいくつもの活動広場からなる。東から西に向かって移動すると，これら広場は，ピクニックテーブルのある年長の子どものための遊具のある砂地，近くには，高さ3m

ほどの長方形のコンクリート製の4つの壁面に美しく先住民のオーロン・インディアンの生活の様子が描かれている。

　ドッグパークは多くの市民が関わった最初の計画の段階では，公園に関する論争の特徴を示していた。飼い主と非飼い主双方は飼い主が優勢に至るまで，数多くのミーティングで対立した。オーロンパークのドッグパー

ク部分は，半ブロックの幅で 1 ブロックにわたる，4 分の 3 ブロックであり，鉄製フェンスで区切られ，入口は 2 つのドアが設えられている。犬の飼い主は 4 つのピクニックテーブルの周りで社交し，犬は広場で競争し，うれしそうに同じ犬種どうし戯れている。

　この施設は飼い犬を運動させるため，遠くからやって来る多くの人びとに利用されている。かつて閉鎖を迫られた時，利用者はODPA を組織し，ドッグパークの存続を訴えた。公園内のこの施設は飼い犬にとってと同様に，飼い犬を通じて交わり出会う，飼い主にとっても重要に思える。

　芝生におおわれたエリアには，明るく塗られた，手作りのジャングルジムなど 4 つの独立した遊具が固定されている。公園内のこの一帯は，この土地の街路が公園として計画され用いられた 1960 年代後半に開発された。この場所はそれまで，バークレイプロテスト闘争として住みつき，遊具を設置したピープルズパークの一部であり，元のピープルズパークが国家警備隊により，立ち退きを強いられたことで知られていた。この土地の所有者である郊外鉄道は開削工法でトンネルを完成させ，賢明にもピープルズパークの難民を追い立てようと企てなかった。結局，この利用者が作り上げた公園の一部は，6 ブロックの計画に組み込まれた。初めて来た人はこの歴史を何も知らないし，市による元々のデザインとは全く異なる，派手に彩られたジャングルジムに驚くこともない。公園の北端にある小さなコミュニティ庭園は 3m の高さの鉄製フェンスと施錠されたゲートで仕切られている。数少ないホームレスの人が公園には見られる，目立つことなく寝具をひろげ，公園の北端をなす鉄製フェンスに沿って，場所を占めている（Marcus and Carolyn 1998：134-8）。

4. リードなしをめぐる対立

　マルカスらの説明からは，ドッグパークをめぐって対立などはな
く，よいハードウェアを設えた空間が設置されれば，ストレスなく
コミュニティ形成がされるかのように思える。しかし，アメリカ人
の政治学者ウォルシュ（Julie Walsh）の議論にふれるとその印象は
一変する。ウォルシュは飼い犬のリードなしでの散歩をめぐる対立
（Unleashed Fury）を追いかける。

　問題のきっかけは，リードなし散歩による飼い主逮捕である。リ
ード使用が急に問題となったのは 80 年代から 90 年代初めである。
狂犬病や野犬のリスクが問題となったことを契機とする。この問題
とリード着用義務は異なる問題のはずであった。ウォルシュによれ
ば犬にとっては，ある程度の運動と他の犬との社交が必要である。
そのために散歩をしている。だが，自然や他の動物への影響，犬の
人間への攻撃などにより，犬のスケープゴート化が起こったという。
散歩ができないことは悪循環を起こす，運動や社交は犬の攻撃性を
低下させるからである。そうなると散歩させる飼い主には大きな負
担となる。リードありなしにかかわらず，行き交う人への配慮と飼
い主による排泄物回収などである。犬と飼い主と，飼い主ではない
住民の関係は，感情的なものとなり，極端な議論があり意見が左右
されてしまうという。数少ないリードなしの場があれば，飼い主は
遠くても出向く。その近くに住む反対者は「怒りのコミュニティ」
（Community bonds might be especially galling）を作り上げるという
（Walsh 2011：11-25）。

　ウォルシュは，リードありなしの議論の掛け金が何かを論じる。
一方には散歩の時リードなしになると困る住民がおり，また一方に

は開かれた公共財の視点がある。ウォルシュはサンフランシスコでは年収2万ドル以上層では33.9%から40.5%が犬を飼っておりリードなしの散歩禁止のインパクトは大きいという。犬の飼い主は新たな「喫煙者」扱いになっているという。飼い主にとって法は犬にとっての基本的な摂理を抑えていると論じる。ウォルシュはこのような人間と犬の問題の発生を，急激な人口増加による居住の近接化，さらに地域的問題として公共空間の縮小をあげている（Walsh 2011：9-17）。

4-1. 犬飼育のコミュニティへのメリット

ウォルシュにとっては，飼い犬と飼い主の関係が一方的なものでなく，飼い主にとっても利益があるという。非飼育者とのギャップがあるとしても，犬を連れていることによって見知らぬ人とコミュニケーションすることは，犬のコンパニオンシップの最大の効果であるとウォルシュは論じる。こうした関係は衰退するコミュニティとトラブルにある人間関係にも価値があるという。人びとは犬の名前を覚え，誕生日を祝う。通勤圏郊外での匿名性や一時性を打ち破るのである。このようなコミュニティは階級横断的であった。郊外や階級同質的な世界では，このようなインフォーマルなコミュニティは稀有であるという（Walsh 2011：7-10）。

4-2. サンフランシスコ・ベイエリアでのリードなし散歩の政治問題化

サンフランシスコ市と対岸のバークレイ市を中心としたベイエリアは，様々な多様性に対して寛容であり，ピープルズパークでの闘

争など，国家や自治体に対する激しい抵抗運動を経験した歴史がある。ウォルシュはサンフランシスコが，リベラル行動主義の本拠地であると評する。こうした歴史的積み重ねが，犬のリードなし散歩においても再現される。ウォルシュが分析した，全米でのリードなし散歩の厳罰化問題のうち，特にサンフランシスコ・米エリアの事例について，レビューを試みる。

　ウォルシュはサンフランシスコ・ベイエリアを「動物の保護聖人」と呼び，動物と人間の，他にはない強い結びつきを論じている。ウォルシュが指摘する問題解決方法の問題点は，異なる意見をもつ両者が未知であり，両者は自ら問題を解決するよりも公的機関に解決を委ねた点である（Walsh 2011 : 14）。同エリアでは，歴史的にリードなし散歩を許可していたが，1990年代から2000年にかけてリードなし歩行の縮小へ向かったという。ウォルシュの表現をそのまま用いると，Dog politics が Local political scene において爆発したという。1990年代，サンフランシスコ・ベイエリアの飼い主たちは，リードなし散歩について連邦政府機関であるナショナルパークサービスと，サンフランシスコ市という二正面の争いを展開したという。結果，2005年連邦裁判所はリードなしを規制することとした。サンフランシスコ市との争いでは，リードなしで構わないエリアの不足について議論を重ねたが，結果としては一旦，リードなし散歩は規制されることになってしまったという（Walsh 2011 : 73-100）。

　ウォルシュによれば，1990年代半ば以前はサンフランシスコにもリード着用規則があり，18カ所以外は着用が義務であったという。だが実態としては甘い運用だったが，その後厳重な運用に変化した。このように飼い主にとっては，サンフランシスコ市と連邦から圧力

にさらされることになったという（Walsh 2011：74）。

　ウォルシュはなぜこの時期に，リードなし散歩に関する規制が強化されたかについて，2つの視点から理由を論じている。一つは，少ない子どものための公園と多い犬のための公園，そのどちらが大切か優先するかという問題である。この問題の背景には，大都市での高い人口密度とジェントリフィケーションの発生がある。もう一つは公園に関する哲学の変化，特に犬による動植物環境への配慮の視点があげられている。きっかけとして海岸での放し飼いにより，鳥に対する影響があり，鳥愛好者との対立があったという。

　状況は飼い主にとってさらに悪化して，1990年代後半は国立公園レンジャーによる中止措置，リードなし散歩飼い主逮捕と審理へと向かった。この様な流れは飼い主にとって恐怖となったという。その時期に政府機関であるナショナルパークサービスは，リードなし散歩に対して対決姿勢を表明した。2001年各種機関によりリードなし散歩の禁止化が進んだ。これに対して，飼い主らは，重要なクオリティオブライフ低下の問題と位置づけ，同時に禁止決定プロセスの非公正性を指摘し，両者は感情的な対立に至ったという。

　飼い主にとって不幸だったのは，犬による子ども殺傷事件があり，凶暴な番犬の繁殖と販売者が摘発されたことである。一連の流れとして禁止区域の増加が進んだ以外にも，飼い主教育への流れも生じたという。この対立は意外な幕引きを迎えた。ナショナルパークサービス側には，告知義務があったにもかかわらず，手続きをしなかったことにより，飼い主らの法的逆転勝利に至ったという（Walsh 2011：81-98）。

　アメリカではしばしば起こりうるが，ナショナルパークサービス

も新たに選ばれた大統領の考えや公約に左右される。ナショナルパークサービスはリードなし散歩禁止を取り消し，ルール作りに関わる立場となった。そして，ナショナルパークサービスは，オプションAとしてすべて「リード着用」，オプションBは「リードなしの公園を置く」という選択肢を示し，パブリックコメントを募った。結果としてBが71％と圧倒的に支持された。この結果，デザインされた空間でのリードなしでの運動へとシフトし，あわせて1人当たりの頭数制限がなされ，飼い主教育の効果，ライセンス制が議論されることとなったと，ウォルシュは論じる。また，一連の経緯について，ウォルシュは犬が公園のメインテナンス不足と人間のスケープゴートにされたと評している（Walsh 2011：102-6）。ウォルシュが論じるこのような経緯により，本書でとりあげるオーロンドッグパークが注目されることになったのである。

5. オーロンドッグパークのリノベーション計画とその展開

筆者は1996年1月オーロンドッグパークを初めて訪れた。その後2013年に再訪し，さらに2014年には犬の吠え声による騒音問題

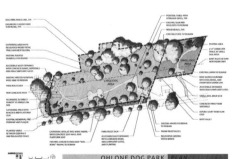

を契機として，リノベーション計画をめぐる動きがすすんでいた。この計画は2004年から議論がはじまっていたものである。時期的にはウォルシュが言及したリードなし歩行禁

止決定の時期である。2014年段階での計画では，現在のデザインを二等分して，下半分を"Dog bone plaza"とする案と，北東隅に新たな"Quiet dog"areaを作り，残りの大部分を"Active dog"向けとする案が検討された。2年間にわたる議論を経て，合意した内容としては，公園の西側部分に小型犬に限定したエリアを新設することであった（City of Berkeley, Upcoming Project Ohlone Dog Park Renovation 2014）。筆者は2014年8月に実施した調査時に，この計画があることを知り，その後ODPA元代表G氏に接触して，2018年2月にオーロンドッグパークにてインタビューを行い，バークレイ市文書等の資料コピーを得た。ここではG氏提供の資料や，バークレイ市がネット上で公開している文書から，オーロンドッグパークのリノベーション計画の経緯と議論の流れについて振り返ることにする。

① 2004年5月24日および6月28日　公園・レクリエーションコミッション定例会議資料および参考資料

　筆者が入手した最も古いこの文書では，市カウンシルが公園・レクリエーションコミッションに対して，地域と協力してドッグパークの新たな利用時間を検討することを決定している。

　この議案については参考資料が添付されている。この参考資料は2004年5月24日に行われた，公園・レクリエーションコミッションによるオーロンドッグパークについてのパブリック・ヒヤリング内容である。そこには近隣住民とODPAが参加した。近隣住民からはドッグパークからの騒音の問題とその対策，開園時間を現在の朝6時から9時に，夜10時までを9時に改め，これまで施錠はさ

れていなかったが，時間外は入れないように施錠することを求めた。これに対して，ODPA は，騒音問題に対しては対策を講じていること，周辺地域には設置されていないフェンスで完全に閉じたドッグパークであること，利用者にとって早朝の利用は，交流による社会的生活と仕事前に飼い犬を運動させる意義があると反論した。利用者側は，飼い犬をコントロールできない飼い主がいるので完全に閉じたドッグパークが必要だと述べた。またフェンスで囲まれたドッグパークは公園にアクセスする障害者にとっても，有益だと述べた。

　この資料からはすでに，近隣住民と ODPA との論点のすれ違いがみえる。近隣住民は保障されている，静かなストレスのない生活を求めているのに対して，ODPA は，広い都市圏唯一のフェンスで囲まれた，リードなしで運動させられる公園であること，利用者

と飼い犬にとっての健康を強調している。近隣住民はバークレイ市の騒音規制を引用し，飼い主側も飼い主と飼い犬の健康を守るという，相互に権利の主張となっている。近隣住民側はドッグパークの廃止を望んでいるのではない，開園時間の短縮を求めているのである。それに対して，ODPAはドッグパークの存続を求めている。ODPA 会員には近隣住民も含まれているから，

「受苦圏」と「受益圏」とその重なりが見てとれる。近隣住民は，ウォルシュのいう「怒りのコミュニティ」である（Walsh 2011 : 22）。

　同文書の追記には，20%の利用者はバークレイ市住民ではないこと，両者は感情的な対立の緊張状態にあることを記している。何人もの市のコミッショナーは，ドッグパーク全体に関する問題の解決を求めると発言したことが記されている。その他として，攻撃的な犬に対して，小型犬エリアを作ること，小型犬専用の時間を作ること，吠えることや飼い主の指示を守るための定期的な飼い犬トレーニングクラスの設置，排泄物放置の問題，多くの犬を連れてくる有償ドッグウォーカーの問題については頭数を4頭までに限定，深夜の立ち入りの問題，排水施設設置について，埃が立たない地面材の必要，住民のみの利用に制限などが意見としてあった。ODPA は6月までに2回の無料飼い犬トレーニングクラスを予定していることが発表された。警官による閉園後の巡回が要請された。この段階でオーロンドッグパークをめぐる，地域レベルでの問題はすでに出つくしたと考えてよい。一方でバークレイ市が問題視する点はまだ一切出ていない（City of Berkeley Parks and Recreation Commission, May 24, 2004/June 28, 2004）。

② 動議 1. および 2.

　作成日時は不明だが，2004 年6月28 日，前述の会議以降に，2つの動議が提出されている。

　動議 1. は市コミッションからカウンシルに対してである。コミッションは朝6時の開園時間の変更はすすめないが，平日は朝6時から夜10 時，週末と祝日は朝9時から夜9時までとし，平日の朝

8時までと夜8時以降と週末祝日の夜8時以降に，吠え声，雑音なしのQuiet Zoneとしてはどうかと提案した。もし吠えた場合飼い主は，それを止めるか退園するなどの適切な措置を取ることとする。その他騒音については，バークレイ市ルールに従うこと，以上は6カ月間後に評価されることを提案した。コミッションは評価のための6カ月間小委員会を作ること，広く利害関係者を集めることなどを求めた。

　動議2.は市公園・レクリエーションコミッション（①の市コミッションとは異なる）からカウンシルに対してである。開園時間について，平日は朝8時から夜9時，週末と祝日は朝9時から夜9時，さらに平日の朝7時から8時は下記の条件で，早朝利用を許可するとした。その条件はバークレイ市在住であること，有償ドッグウォーカーではないこと，飼い犬がバークレイ市に登録されていること，朝7時から8時は騒音なし時間（Quiet Period）であり，吠えはじめたら退園すること，違反者は早朝利用登録を失う，以上は6カ月ごとに見直されるとした。同コミッションはルールの順守，騒音なし時間を含む，ドッグパークの全ての点について，6カ月間小委員会を作ること，広く利害関係を集めること，など動議1.と同様の内容を求めた（City of Berkeley Parks & Recreation Commission, 2005）。

　動議1.の市コミッションは結果的に開園時間の変更をすすめ，Quiet Zoneの設置を求めている。動議2.は条件を示し登録した飼い主にのみ，早朝利用を認めた。動議1.は近隣住民の意向に沿い，動議2.は利用者の意向に沿うものである。

③ 2005 年 5 月 17 日　市公園・レクリエーションコミッション会議資料

　2004 年 3 月 9 日市カウンシルは，公園・レクリエーションコミッションに対して，オーロンドッグパークの新たな開園時間に関して検討する公聴会開催を求めた。現状については，2004 年 9 月 14 日から 2005 年 3 月 14 日まで，平日は朝 6 時から 8 時までと夜 8 時から 10 時まで，週末は夜 8 時から 10 時までを Quite Hours とする。ODPA により，無料トレーニングクラスを開くこと，警察への閉園後巡回の実施要請，違反者の通報方法について，報告された。

　添付文書には，試行した Quiet Hours では犬の騒音が減少したことが記された。近隣住民からは Quiet Hours が終わると騒音が増したと報告があった。ODPA は騒音減少に関与し，啓発活動を進めている。一方で閉園後の騒音が問題となる。ODPA は各種の努力を傾注していると報告されている。また朝 6 時から 8 時までの Quiet Hours を 9 時までに延長することが検討された（City of Berkeley Park & Recreation Commission , May 17, 2005）。

　この段階に至り，試行的に設定された Quiet Hours が騒音減少に効果的であったことが評価として定まり，近隣住民との関係はいったん好転したものと考えられる。ODPA は無料のトレーニングクラス開講や利用者の意識化についてあらゆる方策を講じたのである。

④ 2011 年 9 月 14 日報道　飼い犬どうしのトラブルの懸念

　バークレイ市にて刊行されている *The Daily Californian* 紙に，オーロンドッグパークでの犬どうしの攻撃が報じられた。大型の攻撃的な犬による小型犬への攻撃である。1 人の女性が止めに入ったが，

大型犬にかみつかれて被害にあった。目撃者によれば同じようなことが前の週にもあったという。被害者は市の公園・レクリエーションコミッションに，大きな犬から小犬を守るためフェンスを設置するという提案をしたが，彼が言うには委員会には届いていない。被害者は「委員会の顔ぶれからすると，委員会は我々が折れここを離れることを望んでいる」「彼らは提案をはねつけたいのだ」という。

　市のスポークスマンは，住民やドッグパーク利用者が公園を分割するという考えを議論していることは気づいているが，公式な申し出はされておらず，現段階ではなんの動きもとれないという。被害者は公園・レクリエーションコミッションメンバーと直接話をした。メンバーは被害者の申し出を市が十分に検討し，考慮すべきであるという。飼い犬は公園のルールに従うべきであり，小犬に対して攻撃的な振る舞いをしないことは飼い主個々人の第一の最大の責任であると考える。

　「小犬を連れて街を歩く時に，大きな犬に近づくことが起こりうる」という問いに対して，委員は「このことは基本的に飼い主の責任である」という。委員が課題を市当局と公園管理者にゆだね，提案に対して光を当てるように試みたと被害者はいう。近隣都市ではすでに，犬種でドッグパークを区分している。被害者は「バークレイの持つ人間性重視とその進歩というイメージからすれば，バークレイがこの公園での問題を，矮小化しようとすることには失望する」という（*The Daily Californian*, September 14, 2011）。

　記事にあるフェンス設置の検討は実際には行われており，この点はオーロンドッグパーク内ではなく，オーロンパーク全体を示すものであろう。飼い主にとって大型犬からの攻撃の問題は，深刻であ

り市に対して市民が強く要求していることがわかる。

⑤ 2014年9月3日　ODPA代表文書

　筆者がこのリノベーション計画について最初に目にしたのは，オーロンドッグパーク内にある掲示板に張られた，ODPA代表であるこのG氏の文章である。この文章は2014年9月3日付で同協会のSNSページにも掲示されている。概要は以下のとおりである。

　2年間にわたる会議とパブリックコメントにより，よりよいドッグパーク改良計画がまとまりつつある。コンセプト（選択肢1）は北東の隅までドッグパークを拡大し，ドッグパークの西エリアに小型犬専用部分を作ることを特徴として，市の担当者とデザインコンサルタント会社により練り上げられた。

　このデザインに対しては，小型犬専用エリアの大きさと設置場所について，同様に大型犬エリアと小型犬エリアへの入り方について，多くの参加者が懸念を表明した。その他には現在の公園が比較的小さいことから，仕切られた小型犬専用スペースが必要なのかに関して質問があった。

　ミーティングのまとめとして，ひとりのメンバーがドッグパークの北東部分に，（現在は老犬や傷ついた犬，小型犬とあまり活動的ではない犬向けにデザインされたエリア）仕切られた部分を配置するという，対案を提出した。この概要は参加者から多くの賛同を得た。この対案は選択肢2である。

　バークレイ市側がミーティングに陪席したことで，市にとって進むべき方向性を知ることになった。計画の提案は，オーロンドッグパークの利用者の感情にそったものであるかが問われている。少な

くとも ODPA 会員の考えは，選択肢を決定する投票が現在進んでいる議論とは異なるものになると思われる。このことは意味のあることであり，公園および港湾コミッションまたは決定権を有する誰かによる，決定へのプロセスを支援するものであろう。そこで ODPA は，選択肢 1（原案）と選択肢 2（対案）のどちらがいいか，または現在設置されているおとなしい犬のための仕切りはいらないか，至急 E メールにて返信を求めた（ODPA Sep. 3, 2014）。

　以上のように経緯を示し，選択肢の説明を述べ返信を求めている。このように 2014 年 9 月上旬の段階では，成案には至っていない。

⑥ 2014 年 9 月 10 日　バークレイ市による基本計画

　ちょうど同時期，バークレイ市はオーロンドッグパーク改良基本計画を 2014 年 9 月 10 日に市公園および港湾コミッティ（コミッションとは異なる）に示した。G 氏が至急として問いかけたのは，この会議に間に合わせるためである。その後 2014 年 12 月 10 日公園および港湾コミッティ会議後，関係者は改善案を示し，ODPA を含む，利用者コミュニティに対して追加の質問またはコメント提出の機会を与えた。市が公開した記録によれば，地面素材（ウッドチップ状の素材）について，配置される椅子や机の数について，質問と回答がされている。G 氏による文章でも言及されている小型犬エリアの広さ，具体的な提示がされている。

　Q2　公園内の小型犬エリアの広さはどれほどか。

　A2　小型犬エリアは約 7,300 平方フィート（約 678㎡）である。

　オーロンドッグパークの従来の設備と同様に，フェンスによって

囲まれた計画であることが示されている。

Q6　小さい公園部分の背後にはフェンスが設えられているのか，または木があるだけか。フェンスをめぐらす必要がある。

A6　大型犬と小型犬どちらのエリアの周囲も完全にフェンスがめぐらされる。

最後に市は計画の進行について，2015 年 2 月の建設を目指すと見通しを示した（City of Berkeley, 2014, "Ohlone Park Renovation Plan"）。

⑦ 2014 年　バークレイ市による公開評価実施

バークレイ市公園局は上記 12 月の会議に先立って，オーロンドッグパーク改良計画――概念図 A および B を示し，広く評価を求めた（City of Berkeley, 2014, "Upcoming Project Ohlone Dog Park Renovation"）。

⑧ 2015 年 11 月　入札実施に向けてバークレイ市によるプロジェクト仕様書の作成

バークレイ市は 2015 年 11 月付で，入札に向けて 297 ページにわたるプロジェクト仕様書をバークレイ市公園・レクリエーション・港湾局名で刊行している（City of Berkeley Department of Parks Recreation & Waterfront, 2015, Project Manual）。つまり市としては，コミュニティにおける問題は限られた一部の飼い主と近隣住民の間の問題であり，リノベーション計画は決定にむけて順調に進んでいると考えているのである。

⑨ 2015 年 11 月　バークレイ市による入札の告知

　市による 2 つの計画についての評価募集から 1 年以上の時間が経過し，市は工事請負入札の実施を告知する。日時は 2015 年 12 月 8 日である。請負内容はおいて現存するドッグパークのリノベーション，小型犬用ドッグパークの追加，新たなエリアの舗装一式，規準をみたす歩道改良，庭園造成と排水改良，フェンス設置，景観調整と灌漑，その他のエリアアメニティ，契約文書の条件と状況に応じた補助業務である（City of Berkeley, 2015）。

⑩ 2016 年 2 月 22 日　ODPA による市への働きかけ

　2016 年 2 月 22 日，ODPA は，代表 G 氏名で市長あてに文書を出している。内容は翌日に行われる委員会で，入札結果が承認される流れとなったことに対する謝意である。G 氏は 2010 年の代表就任以来，ドッグパーク改良に対して数々の議論を行った成果が承認されること，そして遅れている計画が加速することを望んでいると記している（Ohlone Dog Park Association, February 22, 2016）。

⑪ 2016 年 2 月 23 日　承認への困難

　翌 2 月 23 日，G 氏は再度市長と市当局あてに手紙を出している。G 氏はドッグパーク近隣住民から計画承認に対して，決定の延期を求める声が出てくるかもしれないことを認識している。ODPA としては，市長による会議にかけるという裁可に対して，ドッグパーク関係者が長い時間をかけた成果であり，最終局面に入ったことを高く評価している。また手続き的にも問題がないことを訴えている。背景としては，ODPA が受けている支援金との関係で，これ以上審

議が長引くと資金提供の停止や取り消しが想定されるからである。ドッグパーク近隣の住民がこうむる，ドッグパーク利用者や飼い犬による様々な害は，今後も続くものであることを認めた。その上で，ODPA が，これまでに問題があるごとに会員に告知し，改善に努めてきたことを述べている。

　ドッグパーク利用者数，近隣住民数が増していること，新しい利用者と飼い犬に公園のルールを教えることに努めていることを伝えている。現在の告知のありかたは満足できるものであるが，必要な告知の形式や場所については改善しうる。ODPA は，市や近隣，新たな利用者，その他新たに組織されたオーロンパーク愛好団体と手を取り合いたいと考えている（Ohlone Dog Park Association, February 23, 2016 "Letter"）。

　この文書からはドッグパーク利用者の合意に対して，飼い主ではないドッグパーク近隣の住民から，これまでの不満に対するネガティブな反応が出てきていることを示し，ODPA としては周囲の住民に対しても，最善を尽くしていることを改めて表明している。

⑫ 2016 年 3 月 2 日報道　市カウンシルによるリノベーション計画承認

　The Daily Californian 紙は 2 月 23 日，市カウンシルがリノベーション計画を承認したことを報じている。市カウンシルでの票決は賛成 8 対反対 0 であったこと，計画の費用が $328,000（約 3500 万円）である。承認は近隣住民の懸念が払拭されていないままであることを報じた（*The daily Californian*, March 2, 2016）。市カウンシルは計画を承認したものの，この決定がコミュニティレベルにおいて決着

するまでには，まだまだ困難があり，そのために新たなアクターが登場することとなる。

⑬ 2016 年 4 月 13 日　バークレイ市公園・レクリエーション・港湾局から公園・港湾コミッションへの諮問文書

　市当局から，コミッションには Friends of Ohlone Park（FOOP）と ODPA を協働させる案が示されている。これは市から見て飼い主ではない，周辺住民を計画検討のプロセスに巻き込むことができなかった，ODPA だけでは限界があると考えたためではないだろうか。そのために公園全体の利用者団体である Friends of Ohlone Park を登場させたのである。この文書のタイトルは Friends of Ohlone *Dog* Park Request for mitigations（筆者注　正しくは Dog 不要）である。同団体は ODPA に対して，ドッグパークの利用に関して，近隣住民の不満を代弁する立場で緩和を求めることになった。市当局，市委員会，ドッグパーク利用者，ODPA，飼い主ではない住民に加えて，新たなアクターが加わったことになる。

　この文書では市の立場を確認する。それはドッグパークをめぐって，利用者と周辺住民との問題，利用者どうしの小型犬への攻撃被害には関与せず，今回のリノベーション計画の原点は，ゆるやかな坂という地形に由来する雨水の排水設備改良，高齢者や車イス利用者のアクセスのための通路設置，景観，フェンスの設置などのためであるとする。様々な地域での議論と，公園委員会での公的議論を経て決定した。ドッグパークを拡大して小

型犬エリアを作ることとしている。

　前述の G 氏が懸念した 2016 年 2 月 23 日の会議にて，地域のグループである Friends of Ohlone Park が市に対して，ドッグパーク利用による騒音問題について，告知板の設置と来訪者の路上駐車など交通について，ゴミについて，ホームレスについて緩和策を提案した。加えてコミッションは Friends of Ohlone Park に ODPA との協働を求めた。具体的には，ルール掲示板設置，時間によるゲート施錠，隣接する住宅がある北側のイスを取り除く，利用者の駐車違反を減らすなどである。このことを支援するため，公園・港湾コミッティは検討とフィードバックを求められた（City of Berkeley Parks Recreation & Waterfront Depertment, 2016）。

⑭ 2016 年 4 月 13 日　公園・レクリエーション・港湾コミッション会議資料　討論議題　3 月 14 日作成

　問題の背景として，周辺住民から騒音，利用者増加，利用者の路上駐車密集に関する問題が示されている。現在のドッグパークを 25％拡大する計画はこれらのインパクトを増す。問題点としては，ドッグパークに入ったことのない，きわめて多くの近隣住民からの声を聞き入れることなく計画が立てられ，承認されてしまったことにある。

　この点はウォルシュが指摘した，異なる意見をもつ両者が未知であるという問題と，表面的には似ている（Walsh 2011：14）。オーロンドッグパークの事例では，ウォルシュがとりあげたサンフランシスコでの事例と異なり，対立する両者は公的機関に解決を委ねることなく，自ら問題解決を志向した。

市が市民に対して十分な説明をすることに失敗し，計画自体が頓挫しうる可能性もあった。そこで市はオーロンパークのサブコミッティであり，ODPAとは独立しているFOOPがインパクト緩和策を検討することを提案した。

　提案された緩和策は，ゲートを時間により施錠されるものとする。利用時間を朝9時から夜8時（従来は朝6時から夜10時）とする。表示については，FOOPと協力して，必ずゲートから入ること，ルールを守ること，駐車の規制とこれらの規則順守を示し，3カ所ある入口の外に，金属製の表示板を設置する。その他としては4カ所に大きくルールを守ること，吠えないこと，攻撃を避けることを示す。通りに面する3カ所に，駐車違反とドッグパークルール違反の通報の仕方，駐車違反取り締まり先，警察，動物管理部署の電話番号を示すことである。

　ルールの変更については，(1)有償ドッグウォーカーのドッグパーク内への立入を禁止，(2)1人について2頭までとするがあげられた。安全に関する規制として，小型犬エリアにセンサー付きライトを設置する。警察にドッグパーク全体，特に小型犬エリア（筆者注　このエリアの設置前は，付近に薬物使用者が多かったからである。乗り越えやすいフェンスが設置され，水道蛇口があり，ベンチがあるとよくないことになる。）の見回りを求める。

　ピクニックベンチとテーブル，ゴミ箱については，ベンチを増やさないこと，新たに作られる小型犬エリアにはベンチを置かない。私物のイス，テーブル，ベンチは置かないこと。住宅に隣接する北側には，ベンチを置かないこと。新たな小型犬エリアに排泄物を捨てるためのゴミ箱を置く。ドッグパークの外に置かれているゴミ箱

を内側に移設する。しかし，壁やフェンスからは離すことを求めている（City of Berkeley Park and Waterfront Commission, 2016）。

この書類からは市は利用者にとっての利便性を考慮して，「怒りのコミュニティ」となっている近隣住民に最大限の配慮を，ODPAに求めている。ODPA のみに求めることは困難であり，より大きな団体である FOOP との協働を求めているのが特徴である。ODPA にとっては，G 氏の書簡にあるように，資金援助団体との取り決めがあり，早急に合意しなければならない背景があったのである。この後 5 月には市からリノベーション計画の実施が告知された。市は近隣住民と利用者の合意ができていないことを意に介していない。さらに住民間のトラブルには立ち入らない姿勢がみられる。

⑮ 2016 年 6 月 29 日　近隣住民との合意

その後 FOOP と ODPA と近隣住民代表によるミーティングが行われ，2016 年 6 月 29 日に合意にいたったというメールが関係者に発信された。具体的内容は，ドッグパークのリノベーションと小型犬エリア拡大に際して，イスの配置と掲示内容についてである。この合意については FOOP と ODPA 代表が署名している。発信者はFOOP 代表者であり，市当局に対して，公園・レクリエーションコミッショナーへの回付を求めている（Friends of Ohlone Park, June 29, 2016）。文面からはこの合意が近隣住民の「怒りのコミュニティ」は彼らが求めていた，ドッグパーク問題の緩和策を取り込むことで消滅したことを示している。

⑯ 2016 年 10 月 23 日報道　オーロンドッグパークリノベーション
　工事完成，再オープンを祝う

　The Daily Californian 紙は 10 月 21 日にリノベーション工事が終わり，再開園したことを報じている。工事費用は \$450,000（約 5000 万円）となったこと，小型犬専用エリアを新たに設置することには，まだ近隣住民の懸念があることを報じた。FOOP 会員は利用者による交通量の増加と駐車スペースの不足に対する懸念を示す。近隣住民による合意を経て工事が着工したにもかかわらず，コミュニケーション不足が改めて指摘された（*The daily Californian*, October 23, 2016）。

・2018 年 2 月 21 日　ODPA 元代表 G 氏とのインタビュー要旨

　G 氏：このプロジェクトプランができて，市との議論を重ねた。感情的になることもあった。ゲートをどこにするか，小型犬用をどちらに置くか，いろいろ議論した。自分はすでにリタイヤしている。リードなしのエリアはとても平和だ。以前は雨が降るとドロドロになる問題があった。そこでプロジェクトファンドを利用した。さらにプランについて議論した。近隣住民から文句がいろいろあった。計画段階で近隣住民がヒヤリングに含まれず，最終段階になって参加した。このことが大きな問題だった。

　吠え声の問題と遠くから来た利用者の駐車スペースの問題があった。犬どうしの争いがいつもあった。ホームレスがテントを張っている。彼らはずっといるわけではないが，以前は古いほろイスが持ち込まれていた問題があった。平日は朝 8 時から 20 時まで開園，休日は朝 9 時から 20 時まで開園している。ルールの中では飼い主が糞

を集めるのがもっとも大切で
ある。以前のウッドチップは
既製品であったが今は専用の
特殊なもので糞が集めやすい。

　芝を張るという提案もあっ
たが冬があり，メインテナン
スが難しい。その他の問題は
極めて普通のことであった。このイスや机は自分が作った。犬が乗
っても大丈夫なものを考えた。今このプロジェクトをどう評価する
かについて，利用者と近隣住民を巻き込んだ議論ができたのはよか
った。市などともにプランを変更するのはなかなかの仕事で，力ず
くや感情的になった時もあった。

　ODPA はボランタリーな団体であり，引っ越しなどよる会員の
入れ替えがあった。会員は近くに住む者，オークランドからの者も
いる。強い協力がある。現在は約 60 名が会員として在籍している。
SNS 上では 2 つのグループがあるが，一つになるようにアドバイ
スしている。今後はもっと接触を多くしてほしいと考えている。市
との関係のためにもその方がいい。第 3 週の夕刻にポットラックを
している。この会はいろいろな美味しい料理があり，話題も楽しい
（2018 年 2 月 21 日筆者聞き取りによる）。

・議論の経過の考察──怒りのコミュニティからエンゲージ（Engage）
　された空間の構築へ

　このように 10 年を超える過程を通じて，オーロンドッグパーク
の改修計画は決着し，現在は拡張され掲示が増え，落ち着いた利用

がされている。在ベイエリアの都市計画家によれば，バークレイで
はなにを決めるにも時間がかかり，そのため同市の計画に関わろう
としない各種の企業体もあるという。ウォルシュはサンフランシス
コ市を含むベイエリアをリベラル行動主義と評した。また多様な価
値観を受け入れることは，必然的に多様な利害関係を調整するとい
う，コミュニティ本来の意味が作用しているのであろう。順調に進
むとみられた計画が一転して，困難を抱えた流れを時間に沿って整
理してみよう。

2004 年 5 月 24 日　近隣住民と ODPA によるヒヤリング　両者の
　　　　　　　　　　感情的対立と緊張
2004 年 6 月 28 日　5 月 24 日のヒヤリング結果をうけて，市カウン
　　　　　　　　　　シルが市公園・レクリエーションコミッション
　　　　　　　　　　に対して新たな開園時間の決定を依頼
2005 年 5 月 17 日　市公園・レクリエーションコミッション会議
　　　　　　　　　　Quiet Hours の効果を認定
2005 年　公園改修に関する ODPA 文書発表

2011 年 9 月　　　　*The Daily Californian* 紙による飼い犬どうしの攻撃
　　　　　　　　　　事件報道
2014 年 9 月　　　　ODPA による選択肢 1 および 2 の提示とコメント募集
2014 年 9 月　　　　市当局によるリノベーション計画の委員会提示
2014 年 12 月　　　委員会会議　改善案の提案と市による公表と広い評
　　　　　　　　　　価募集　2015 年 2 月着工の意向表明
2015 年 11 月　　　市によるリノベーションプロジェクト仕様書決定と

190

　　　　公表

2015 年 12 月　公開入札実施

2016 年 2 月　　G 氏懸念についての書簡を市に提出

2016 年 4 月　　委員会は FOOP との協働を求め，周辺住民を意識
　　　　　　　　した緩和策の検討を指示

2016 年 6 月　　FOOP，ODPA，近隣住民の合意形成

2016 年 10 月　リノベーション完成　再オープン

　ここでとりあげた，ドッグパークをめぐる問題は，市にとっては
排水と高齢者や車イス利用者のアクセスの問題，景観の問題，フェ
ンスの設置の必要性であり，ドッグパーク利用者にとっては，大型
犬による小型犬の攻撃の問題であり，近隣住民にとっては，吠え声
による騒音と違法駐車車両の増加の問題であり，その他の公園利用
団体にとっては，犯罪発生防止のためのイスの配置の問題とルール
掲示の問題である。

　ドッグパークがロジャースらのいう Open-minded であり多様な
機能を有していることは間違いないが，どうしてこのように問題の
見え方が違うのであろうか。その答えはドッグパークがコミュニ
ティ形成の中心点であるからである。それは筆者らによる調査結果で
示されている，「ペットフレンドリーなコミュニティのイメージ」
としての「公園」であり，飼育知識の源泉となるペット友人を得る
場でもある。この様な重層性は，飼い主ではない近隣住民には想像
もできない。

　ここでとりあげたリノベーション計画は，飼い主にとっては小型
犬エリアの設置は飼い犬の，とくに小型犬の，セキュリティを高め

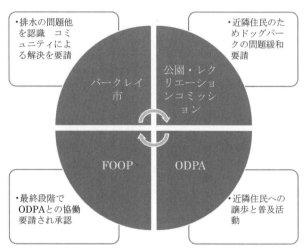

図5-1　2016年6月時点でのリノベーション計画をめぐる主なアクター
　　　　と意向

ることになる。大型犬の飼い主にとっては加害側にならないことを
確実にすることである。このように問題の重層性が様々なアクター
の登場を求めたと考えられる。利用者団体であるODPAが，周辺
住民を計画プロセスに含めなかったことが，混乱のきっかけと考え
られた。彼らは狭い範囲での合意と解決を志向したのだろう。この
点は飼い主ではない住民を含む，ペットフレンドリーなコミュニテ
ィという理念を，狭く解釈してしまったと言わざるを得ない。

　理念型としてのペットフレンドリーなコミュニティは，飼い主と
飼い主ではない近隣住民にとっても，暮らしやすいコミュニティで
ある。両者が相互に理解し合い利害が一致し，それぞれの福祉に貢
献するものであろう。しかしながら現実は，飼い主が遅い時間を含
めてドッグパークを利用することで，騒音や臭い，遠方から来訪す

る住民ではない利用者による駐車，公園内での噛みつき問題が発生した。飼い主ではない近隣住民にとっては，ドッグパークの存在がクオリティオブライフを低下させる空間となり，「怒りのコミュニティ」が形成されたのである。

　筆者はここにいたって，「ペットフレンドリーなコミュニティ」を精緻化するためには，もう一つの仕掛けを作らなくてはならないことに気づく。それは飼い主どうしの関係と，ドッグパークの外延との関係である。ドッグパークにおける飼い主どうしの関係については，くりかえすまでもないだろう。簡単に触れると，「親交的」であったり，「援助的」であったり，「情報源泉」として浮かび上がる。飼い主と近隣住民との関係は，個人的に既知であったとしても，「飼育する人としない人」という三人称の関係であったのだろう。アメリカの町を歩いていて，アメリカ人が親しい二人称の知人に，筆者から見れば，大げさなアクションをすることに感心することがある。一方でアメリカは契約社会と言われるように，三人称についてはスキのない契約（Contract）を取り結ぶ。ドッグパークという空間は，契約の空間ではない，エンゲージメント（Engagement）の空間なのである。エンゲージメントは三人称の関係にはそもそも成立しえない。そこには契約が必要だからである。ではどのようにこの両者を取り結ぶのだろうか。このことを考えるときに，在ニューヨークの社会学者ヘルムリッヒ（William B. Helmreich）のコンセプトを援用するのがいいだろう。ヘルムリッヒは"Daygration"というコンセプトを用いる。このコンセプトはニューヨーク市ブルックリン地区の特性として提示されている。Daygration とは住民間の Porous（多孔性・透過性）な，Engagement（関わり合い）を通じて，

隔たる存在に穴が開くことである（Helmreich 2016：xii）。ここに事例としてとりあげた合意成立は，ヘルムリッヒのいう Daygration の典型事例なのではないだろうか。言葉を換えると，飼い主にとって三人称の位置であった飼い主ではない近隣住民を，バークレイ市，公園・レクリエーションコミッション，FOOP を巻き込むことで，Porous なチャンネルを通じて Daygration し，三人称から二人称に位置づけ得たのである。そしてそのためには長い議論の時間を要したのである。Engage は両者が引きつけ合う，かみ合うという意味があるが，三人称から二人称への変質は，「怒りのコミュニティ」を乗り越える，大きな営みであったことに気づく。

・崩壊からの展開

　飼い主と飼い主ではない近隣住民の対立による関係の崩壊という点については，どのように考えることができるだろうか。経済学者下平尾勲は叙述において，崩壊からの分析，媒介と特殊条件とプロセスが重要であると論じる（下平尾 2004）。ここでいう崩壊としては，近隣住民とドッグパーク利用者によって問題を解決するという枠組みが崩壊したことがあげられる。きっかけとしてはドッグパークに由来する問題の山積が，異質を受容するというコミュニティ意識を変質させ，ドッグパーク利用者・受益圏と近隣住民・受苦圏への分離が顕現した。その後，市公園・レクリエーションコミッションによる公聴会の実施があった。利用者側は ODPA が代表となったが，近隣住民は組織化されず一部の代表者が参加した。ここでのウォルシュがいう「怒りのコミュニティ」は組織化されていないものであった。ではどうやって新しい枠組みを構築したのか。従来の生活問

題解決枠組みを無効化し，解決しようとする努力が新しい枠組みを作り出すエネルギーに変化した。そこでは根源的と評されるバークレイ的な主張が多く，なかなか問題解決がはられ得ない伝統が変質し，大きな正義や変革よりも短期的な成果を求める意識に変化したと言える。さらに ODPA は近隣からの理解と受容を求めようと考える。自らこれまでにない看板を立てる，無料の飼い犬トレーニングクラスを開設する，開園時間を変更し，Quiet Hours を設定して一定の効果を得たことが，近隣住民の理解を得たのである。

　下平尾のいう，媒介と特殊条件とプロセスについてはどのように作用したのであろうか。市によるヒヤリングや事前の調整が飼育する側だけに開かれていたため，飼育しない近隣住民の態度が硬化したことがある。また常時開放を前提とした公園のあり方が，問題利用者の存在により閉鎖時間設定の方向に転じたこと。このことによりバークレイ的な自治とは相容れない現状にならざるを得なくなった。さらに，住民の労働時間増加により，犬の散歩が有償ドッグウォーカーにより代行されることが増えた。住民のためのドッグパークとはいえない現状がみられるようになった。ペットフレンドリーなコミュニティの中心としてのドッグパークのあり方が変容しつつあったのである（下平尾 2004）。

・リゾームとしてのペットフレンドリーなコミュニティ

　コミュニティを空間からとらえるか，ネットワークとしてとらえるかは大きな問題である。空間かネットワークかという二分法を超えて，他の角度からの検討を加えてみよう。

　そこでとりあげるのは社会システム論研究者今田高俊によるリゾ

ーム論である。今田は近代社会において，人間が生きる意味を求める存在であることがないがしろにされ，生活空間に歪みができていることを指摘する（今田 2001：ⅰ）。さらに今田は近代の機能偏重から脱して，存在に注目する「意味の文明」を提唱する。またネットワーク概念が効率化による機能の側面と，差異による意味創発の側面をあわせ持っていることから，認識論的な混乱にあると説明する。今田はこの混乱を乗り越える視点として，「リゾーム」としてのありかたを重要と考える。

　今田のいうリゾームとしての社会編成は，自在システムとして⑴自在結合の原理，⑵脱管理の原理，⑶偶必然性の原理，⑷自生的秩序の原理を背景としている。⑴自在結合の原理は決められた地位や役割に従うのではなく興味関心や問題意識を共有することである。⑵脱管理の原理は管理を極小化しようとすることである。⑶偶必然性の原理は事象が起こることは必然に支配され，どのように起こるかは偶然性に支配されているということである。⑷自生的秩序の原理は上からの計画管理によらない，自発的秩序形成を背景としている（今田 2001：31-5）。

　今田のリゾーム論はここでとりあげた，「ペットフレンドリーなコミュニティ」をどのように説明できるのだろうか。今田のリゾームについての言説とペットフレンドリーなコミュニティにおける「ペット友人」をならべてみると，⑴自在結合の原理，⑵脱管理の原理，⑶偶必然性の原理，⑷自生的秩序の原理で説明することができるのではないだろうか。⑴自在結合の原理はドッグパークでの飼い主の出会いの一般的なパターンである。⑵脱管理の原理はドッグパークでの管理組織の原則に当てはまる。⑶偶必然性の原理はドッ

グパークでの「純粋な友人」との交流がそれにあたる。(4)自生的秩序の原理については多少の考慮が必要になる。前述したドッグパークリノベーションをめぐる議論では，利用者団体による議論の取りまとめとルール厳守の意識化があった。確かに自治体からの要請があったが，これを上からの計画管理ではなく，利用者による自発的秩序形成とみることができる。(1)から(4)の原理のほとんどを満たす場であることは明らかである。

　今田の議論は以上に留まらず，リゾームのもつ特性である「生成変化」と「条理空間の脱分節」に及ぶ。今田のいう「生成変化」は自分以外の他者に「なる」ことである。行為論的に「他者性」を自らに取り込むことである。「条理空間の脱分節」は家父長主義による管理社会を脱構築し，管理にかわる「支援の原理」を導くという（今田 2001：37-8）。この点について重要なのは今田がケアと支援を明確にわけて論じることである。今田は家族や共同体が担ってきたケアが，職業として制度として外部化され，機能に偏り意味が抜け落ちたことを，指摘する（今田 2001：263）。ではケアに対置される支援とはどんなものだろうか。今田による支援とは，「意図を持った他者の行為に対する働きかけであり，その意図を理解しつつ，ケアの精神を持って行為のプロセスに介在し，その行為の質の維持・改善をめざす一連のアクションであると同時に，他者のエンパワーメントをはかることを通じて，みずからもエンパワーされ自己実現することである」と定義している（今田 2001：288）。ここから読み取れるのは，相互的関係であり「する側」「される側」の相対化である。ドッグパークでは肢体機能が不調の犬の飼い主に，ツールをアドバイスする姿があり，お互いが必要とする飼育知識を提供する

197

機会があった。フィッシャーのいう「相談」「親交」「実用的」からなる「ソーシャルサポート」（Fischer 1982=2002：161）が今田のいう支援の類型にあたるのではないだろうか。ここでとりあげた支援については，「ペットフレンドリーなコミュニティ」と同様に，災害同行避難においても重要な課題となろう。

・Ohlone Dog Park および Ohlone Dog Park Association，市による関連資料公開時期順　数字は第 5 章の文書番号

① City of Berkeley Parks & Recreation Commission, May 24, 2004, "Regular Meeting". および City of Berkeley Parks & Recreation Commission, June 28, 2004,"Regular Meeting,"（2017 年 2 月 G 氏提供）.
② The Berkeley Parks & Recreation Commission, "Proposed Motion 1," および The Berkeley Parks & Recreation Commission, "Proposed Motion 2," City of Berkeley Parks & Recreation Commission, May 17, 2005, "Ohlone Dog Park（CF-16-04）,"（2017 年 2 月 G 氏提供）.
③　City of Berkeley Parks & Recreation Commission, May 17, 2005, "Ohlone Dog Park（CF-16-04）,"（2017 年 2 月 G 氏提供）.
④ *The Daily Californian*, September 14, 2011, "Concerns Raised over Dog Attacks in Berkeley Park,",（Retrieved February 1, 2015, http://www.dailycal.org/2011/09/14/concerns-raised-over-dog-attacks-in-berkeley-park）.
⑤　ODPA, 2014, "Friends,"（ODPA 代表 G 氏文書　公園内と SNS に掲示）.
⑥ City of Berkeley, 2014, "Ohlone Park Renovation Plan,",（Retrieved February 1, 2015, http://www.ci.berkeley.ca.us/ContentPrint.aspx?id=12716）.
⑦ City of Berkeley, 2014, "Upcoming Project Ohlone Dog Park Renovation,"（2017 年 2 月 G 氏提供）.
⑧ City of Berkeley Department of Parks Recreation & Waterfront, 2015, "Project Manual Ohlone Dog Park Renovation,"（2017 年 2 月 G 氏提供）.
⑨ City of Berkeley, 2015, "Ohlone Dog Park Renovation Document 00020 Invitation to Bid,",（Retrieved December 5, 2015, http://www.cityofberkeley.info/Clerk/Commissions_Parks_and_Waterfront_Commission.aspx.）.

⑩ Ohlone Dog Park Association, February 2, 2016, "Council Agenda, Item 13, Renovation of Ohlone Dog Park," (2017 年 2 月 G 氏提供).

⑪ Ohlone Dog Park Association, February 23, 2016, "Letter," (2017 年 2 月 G 氏提供).

⑫ *The Daily Californian*, March 2, 2016, "City Council Approves Renovations to Ohlone Dog Park Amid Neighbors' Concern,", (Retrieved December 12, 2017, http://www.dailycal.org/2016/03/02/city-council-approves-renovations-to-ohlone-dog-park-amid-neighbors'-concerns).

⑬ City of Berkeley Parks Recreation & Waterfront Department, April 13, 2016, "Friends of Ohlone Dog park Request for itigation," (2017 年 2 月 G 氏提供).

⑭ City of Berkeley Park & Waterfront Commission, April 13, 2016, "Ohlone Dog Park request for Mittigation," (2017 年 2 月 G 氏提供).

⑮ Friends of Ohlone Park, June 29, 2016, "ODPA & dog park neighbors' agreement," (市, 関係者にむけた FOOP 代表者電子メール, 2017 年 2 月 G 氏提供).

⑯ *The Daily Californian*, October 23, 2016, "Ohlone Dog Park Celebrates Reopening to Public as Renovation Finish,", (Retrieved December 21, 2017 http://www.dailycal.org/2016/10/23/ohlone-dog-park-celebrates-reopening-to- public-as-renovation-finish).

6 章

ペットフレンドリーなコミュニティモデル
──こんなコミュニティでペットと暮らしたい

1. コミュニティモデルの背景となる住民の現状

　ここでは，2013 年および 2014 年調査，2017 年調査および 2018 年調査結果から，改めて修正版コミュニティモデルを提示したい。前著（大倉 2016：132-41）では 2013 年および 2014 年調査，動物病院調査による調査結果から暫定版のペットフレンドリーなコミュニティモデルを提示した。ここでは 4 回にわたる調査合計 352 票をもとにして，モデル化を試みたい。

　・**年齢**　暫定版モデルでは 30 代および 40 代を中心として，20 代と 50 代に広がる年齢層を考えた。修正版モデルでは，暫定版モデルよりも 20 代の回答者が多くなったことから，30 代を中心として，20 代および 40 代にひろがるモデルとなる。全体的に若年層にシフトし，50 代はモデルにおいては重みが少なくなった。このことは調査結果から，子どもが転出しその後に犬を飼うという選択肢がされていないからである。

　・**職業**　暫定版モデルでは，全体の 70％である「給与所得者」を想定した。修正版モデルでも同様の結果である。

・**学歴**　暫定版モデルでは大学院卒と大学卒をあわせて全体の 90 ％となった。この結果は高学歴住民に偏りがあると考えられる。修正版モデルでもこの傾向はかわらない。ベックらがいうように，コンパニオン・アニマルとしての飼い犬はある程度の経済的豊かさがある家庭にとって，かけがえのない存在である（Beck and Katcher 1996=2002：62）。犬を飼うだけにとどまらず，ペットフレンドリーなコミュニティのモデルとしては，ミドルクラス以上の世帯に限定することが避けられないと考える。修正版コミュニティモデルにおいても高学歴を前提として，モデル構築を試みる。

・**収入**　暫定版モデルでは，「501〜1000 万円」34％，「1001〜1500 万円」17％，「1501 万円〜」30％であった。修正版モデルでも同様の結果となった。職業をリタイヤし現在収入がないという回答者も多く含まれる。しかしながら，年齢で検討したように 30 代を中心として 20 代から 40 代がモデルとなることから，この点はモデルからは除いていいだろう。

・**居住地特性**　4 回にわたる調査はいずれも大都市郊外コミュニティを調査地としている。ニューヨーク市郊外に位置するブルックリン区およびサンフランシスコ市中心部に近い住宅地，サンフランシスコ市郊外にあたるバークレイ市において実施した。NY 調査での回答者 40 名（31.8％），SF 調査の回答者 74 名（34.7％）は調査地への一時的訪問者であった。これらを除く回答者は調査地に居住しており，ペットフレンドリーなコミュニティは，暫定モデルと同様に大都市郊外の住宅地を念頭においてモデルを構築する。

・**住宅様式について**　この点については暫定版モデルを大いに修正しなくてはならない。暫定版モデル同様に若年世代は 39 歳以下，中高年世代は 40 歳以上とした。暫定版モデルでは，住宅の自己所有（36 事例）と賃貸（32 事例）であった。

表 6-1　暫定版モデル住宅様式類型化

	戸建所有	マンション所有	戸建賃貸	アパート賃貸
若年世代	① 3 事例	③ 7 事例	⑤ 7 事例	⑥ 16 事例
中高年世代	② 15 事例	④ 11 事例	—	⑦ 9 事例

　修正版モデルでは住宅の自己所有が約 36％，賃貸の割合が約 64％であった。暫定版モデルでは動物病院に通う疾病群を含んでおり，自己所有の割合が高かった。修正版モデルでは疾病群を含まないことに改めたため，自己所有の割合が減少した。このことから 30 代以下の若年世代では，戸建かアパートかにかかわらず，「賃貸住宅」がモデルとなる。40 歳以上の中高年世代では，「戸建所有」と「アパート賃貸」にモデル化される。

表 6-2　修正版モデル住宅様式類型化

	戸建所有	マンション所有	戸建賃貸	アパート賃貸
若年世代	12 事例	23 事例	31 事例	127 事例
中高年世代	58 事例	26 事例	10 事例	42 事例

・**住宅間取りと世帯規模**

　暫定版コミュニティモデルとしては，若年世代向け「アパート賃貸」，中高年世代向け「戸建所有」，子どものいない家族または子ど

もが離れていった家族が想定された。住宅様式で検討したように，修正版コミュニティモデルでは若年世代は「賃貸住宅」，中高年世代は「戸建所有」と「アパート賃貸」にモデル化された。このことは住宅間取りと世帯規模にもかかわる。回答者本人を含む同居者数は，「2人」が最も多い。この場合は子どものいないカップルと考えられるだろう。修正版コミュニティモデルは，「子どものいない2人世帯」を中心として，「1人世帯」と「子ども1人の核家族」がふくまれる。ベックらのデータでは，子どものいる家族でのペットが多く，1人世帯では15%が犬を飼い，子どものいる家族では72.4%，子どものいないカップルでは54.4%がペットを飼っている（Beck and Katcher 1996＝2002：63）。ここに検討している修正版コミュニティモデルでは，ベックのいう子どものいないカップルと1人世帯については同様であるが，子どものいる家族については異なるイメージとなるだろう。

　間取りについては，「2〜3ベッドルーム」が半数を超えている。この間取りは戸建所有でも，戸建賃貸でも，アパート賃貸でもありうる間取りである。「ワンルーム等」はほとんどが，アパート賃貸に含まれるものと思われる。修正版コミュニティモデルは世帯規模が1名の場合は「ワンルーム」，2名の場合は「ワンルーム」または「2〜3ベッドルーム」，3名の場合は「2〜3ベッドルーム」とする。

2.　飼育歴と犬齢，飼育分担

　暫定版コミュニティモデルでは，犬齢が飼育歴とほぼ同年数となっている。このことから，初めて犬を飼育する回答者が多いことがわかった。ペットフレンドリーなコミュニティモデルとしては，初

めて犬を飼う飼育経験の少ない飼い主を想定できた。修正版コミュニティモデルではこれらの点に加えて，飼い主が高齢であるほど犬齢が高くなることをつけくわえる。暫定版コミュニティモデルは，大型の飼い犬を「自分」や「その他」により飼育している。同居者数から考えれば，全員で飼育をしているであった。修正版コミュニティモデルでは，犬種について大型犬と小型犬にほぼ二分されていることから，「大型犬または小型犬のいずれか1頭」を「自分のみが飼育している」と改めたい。犬の就寝場所はわずかな例外を除いてほぼ室内である。アメリカ人ジャーナリストであるシェーファー（Michael Schaffer）は 2006 年の調査では屋外で眠る犬はわずかに13％であると報告している（Schaffer 2009：169）。修正版コミュニティモデルでは，シェーファーのデータよりも，さらに屋内で暮らす犬が多いと位置づける。

3.　ペットフレンドリーなコミュニティイメージ

　暫定版コミュニティモデルから修正がない点を示す。飼育に必要な施設としては「公園」であり，特に犬齢の高い飼い主では「動物病院」である。「飼育に必要な施設」と「ペットフレンドリーなコミュニティのイメージ」は，修正の必要はない。「ペットフレンドリーなコミュニティのイメージ」は圧倒的に「公園」である。フィッシャーはソーシャル・サポートを，「相談」「親交」「実用的」に分類している（Fischer 1982＝2002：186）。「公園」を「飼育に必要な施設」という観点からみれば，フィッシャーのいう「実用的」なサポート機能と考えられるだろう。これらについてはこのままでいいだろう。

　修正版コミュニティモデルにつけくわえたいのは，ペットフレンドリーなコミュニティイメージの外延化である。いいかえると，へだたる価値を結びつける仕掛けを織り込むことである。5章において事例としてあげたように，ペットフレンドリーなコミュニティの実現には，飼い主ではない近隣住民といかに「二人称の関係」を構築するかである。飼い主が「好ましくない飼育マナー」をしないこと，そして近隣住民が求める条件を具体的な形にして示し，改善を試みることである。筆者の言葉で表現するならば，エッジワイズであり（大倉 2012），ヘルムリッヒであれば，住民間の Porous（多孔性・透過性）な，Engagement（関わり合い）を通じて，隔たる存在に穴が開く Daygration である（Helmreich 2016：xii）。

4.　ペット友人との関係

　フィッシャーはネットワークの社会的文脈を，「親類」「仕事仲間」「隣人」「同じ組織の成員」「その他」「純粋な友人」にカテゴリー化している（Fischer 1982=2002：70-2）。この類型に従えば「ペット友人」は「純粋な友人」に位置づけられるだろう。「ペット友人」はネットワークの社会的文脈での「純粋な友人」である。出会いの場としての「公園・空間」は，ペット飼育という下位文化が臨界量を達成した場である。「ペット友人」との出会いの場としての「公園・空間」は，フィシャーのいう「彼らの関係を引き出す貯水池」（Fischer 1982=2002：25）となっている。この点についてはコミュニティモデルとして修正の必要はない。しかしながら，修正版としては男性よりも女性の方がペット友人を持つこと，若年世代の方が具体的な「飼育方法」を話題にし，中高年では「飼育とは関係ない話

題」を話していることをつけくわえる。

　「ペット友人」を「相談」および「実用的」な手段として位置づけることも可能である。暫定版コミュニティモデルでは，飼育に関する知識の入手について「ペット友人から」とした。修正版コミュニティモデルでは，飼育に関する知識の源泉が「ペット友人」「本・雑誌・ネット情報」「家族から」に相対化したと修正しなくてはならない。

　旅行時の預け先としてのペット友人は，「実用的」機能である。この機能は飼い犬にとって自らの住居に次いでセキュリティが確保された場所でもある。修正版コミュニティモデルでは，「友人・近隣」が預け先として暫定版モデルよりも高く評価された。ペット友人は実用的な機能としても認識されている。ペットフレンドリーなコミュニティ概念を図式化すると以下のようになるだろう。「利用ルール」は飼い主相互に求められものであり，同時に飼い主ではない近隣住民を視野としたものであることをつけくわえる。

図6-1　ペットフレンドリーなコミュニティ概念図

5.　散歩

　散歩については大きく修正する点はみられなかった。「1日数回」が最も多く，散歩時間は「30分以下」「31〜60分」がもっとも多かった。この様な散歩をめぐるニーズがある。「ペットフレンドリーなコミュニティ」としては，異なる犬種の飼い犬どうしのトラブルを避けるために，大型犬と中型犬専用，小型犬専用に設定された散歩コースを設置することが求められる。そこでは通行人に脅威や不快を与えることのないように，配慮されなくてはならないだろう。つけくわえるとするならば，深夜のドッグパークからの騒音や，臭いなどはドッグパークに隣接する住民にとっての問題である。ドッグパークから離れている近隣住民にとっては，散歩時の接触危険性回避と排泄物処理が，ペットフレンドリーなコミュニティ形成にとって必要である。

6.　「ペットフレンドリーなコミュニティ」としての自治体

　「ペットフレンドリーなコミュニティ」を具体化するためには，「特区構想」的なあり方が必要であると考える。具体的には飼い犬対象の医療共済保険や，猫などにはすでに導入されている避妊手術の公的負担，飼い犬の交通事故を防ぐための道路交通法の特例事項にはじまり，公共機関オフィスなどのペットフレンドリー化，ペットにかかわる税控除，アウトリーチ方式によるペット医療およびホームドクター指定，家族社会学者山田昌弘が事例としてあげた，ペットによる遺産相続（山田昌弘 2007）など，これまでのコミュニティでは想定しえなかったアメニティである。これらの点についても修正点はない。「ペットフレンドリーなコミュニティ」が飼い犬を中心

207

として，ペットと共生できる街を提案する意義は大きいと考える。そこでは下位文化による結合が，「相談」「親交」「実用的」のいずれにも収斂しえない，住民の「ペットフレンドリーなコミュニティにおけるエンゲージメント」が想定されるだろう。5章での事例でとりあげたように，自治体は，ペットフレンドリーなコミュニティをめぐる問題を，住民間の紛争と位置づけ立ち入らない立場をとるだろう。こうした現状に対して，いかに中間集団を構築するかという問題は，修正版コミュニティモデルをこえて残るだろう。

付 論

紙媒体調査票とタブレット調査票を利用して
——可能性，メリットとデメリット

　付論ではタブレット調査票利用事例について検討を行う。事例と
してとりあげたのは筆者による「ペットフレンドリーなコミュニテ
ィ調査2017および2018」である。具体的にはインターネット調査を，
従来からの社会調査にどのように位置づけるかを検討する。さらに，
本調査でのタブレット調査票導入の経緯，パラデータをめぐる実施
場面での混乱とタブレット調査票利用のメリットとデメリットを検
討する。

1. インターネット上で展開する調査の分類——
先行研究における議論の整理とインターネット調査の類型

　社会調査におけるタブレット調査票利用事例について検討を行う
前に，インターネット調査を従来からの社会調査に，どのように位
置づけるかを検討する[1]。

　大隅昇によればアメリカでは，1994年ごろから大規模なインタ
ーネット調査がはじまっている（大隅・林 2008：201）。大隅は住民
基本台帳等閲覧の制限や回収率の低下などにより，その問題を解決
するためインターネット調査への関心が高まったという。さらに大
隅はインターネット調査の急速な利用普及により，国内で伝統的に
行われてきた科学的な調査環境で蓄積された，調査経験が生かされ

ていないと危惧する。この点では伝統的に行われてきた調査と，インターネット調査には断絶があるといえる。大隅は両者には本質的な仕組みの違いがあると言う（大隅・林 2008：203）。ここから論考をはじめたい。

インターネット調査をめぐっては，意見が割れている。井上大介は社会調査において，インターネット調査が安易に利用されているが，データの偏りが大きく，学術的な調査としては利用できないと論じている（井上 2012：123）。

一方で Web 調査を限定付きながらも，その利用を認めているのは安河内恵子である。安河内はインタビュー調査では母集団を確定できないという大問題があり，無作為抽出とはいいがたいが，無作為抽出を必要としない場合には簡便で廉価な調査方法と位置づけている（安河内 2007：130）。

さらに積極的な可能性を見出すのは小松洋である。小松はインターネット調査が市場調査において低コスト性による急速な普及を認める。さらに小松は「特定の層」や，「時系列的な変化」に着目した場合には可能性を持つとして，有力な調査手法となりうると論じる（小松 2007：188-93）。

このように，最も広い意味での「電子調査」，一般的に用いられる「インターネット調査」をめぐっては，位置づけをめぐる混乱がみられる。ここでいうインターネット調査には，電子メール調査やWeb 調査が含まれる。しかしながら電子調査という範疇を用いると，ここでとりあげるタブレット調査を含めて，ほとんどが含まれてしまう。大隅はこの点を整理するため，調査対象者の選定方法による分類を提案している。様々なインターネット調査を分類する試みの

なかで，大隅は電子メール調査と Web 調査の分類をしている（大隅・
林 2008：205）。

　大隅によれば，Web 調査は以下の①から③に分類できる。①「パ
ネルタイプ」はネット上の広告や告知によって，調査協力意思のあ
る者を募集し，その全員に対して複数回の調査を継続的に行う。②
「リソースタイプ」は調査協力意思のある者を募って登録し，その
中から対象者を選ぶ。③「オープンタイプ」はネット上に調査票を
公開し，広告などで広く調査協力を呼びかけるものである（大隅 ・
林 2008：206）。

　コンピュータを利用した各種調査を比較するのは，杉野勇・俵希
實・轟亮である。彼らは，回答率低下や社会調査への信頼の低下な
どの「社会調査の困難」に対応していくことを目指す。日本におい
ては社会調査の方法論的・技術的検討や実証研究が行われていない
ことから，各種調査モードの比較を試みる。さらに調査対象者の選
定（サンプリングフレイム）とデータ収集モードを区別することの重
要性を強調する。杉野らは日本での質問紙をもちいた社会調査の標
準として PAPI（Paper and Pencil Interviewing）と，コンピュータ支
援の他記式調査 CAPI（Computer-Assisted Personal Interview），コン
ピュータ支援の自記式調査 CASI（Computer-Assisted Self-Interview）
の結果の違いを，モードの違いという観点で比較している（杉野・
俵・轟 2015：253-50）。

2. タブレット調査の概要

　これまでデータを示した，2017 年調査および 2018 年調査では，
2013 年および 2014 年に実施した同様の調査での評価をふまえて，

タブレット調査票を利用した調査を実施した。この時点で想定した
タブレット調査利用のメリットは、①回収調査票の物理的管理が容
易であること、②紙媒体調査票からデータベースへの転記が不要で、
誤入力によるミスを防げること、③パラデータとしての調査実施時
間と場所、発信端末の記録が容易であることであった。

　検討段階ではクラウド[2]をレンタル使用する方法を検討した。
その後ポータブル Wi-Fi を介し、株式会社マクロミルによるアン
ケート分析クラウド "Questant" を利用する方法が安価で適して
いることが判明し、この方法[3]を採用することとした。

図 7-1　調査実施および分析の概念図

3. タブレット調査の位置づけ

　対象者選択に着目した大隅の類型では、ここでとりあげる「タブ
レット調査」は位置づけることが難しい。そこで調査という営みを
大枠で考えてみよう。まず質問票を用いない「聞き取り調査」があ
る。「聞き取り調査」はさらに、事前に聞き取り項目を決めていな
い「非構造化インタビュー」と、聞き取り項目を定めてある「構造
化インタビュー」にわけられる。調査票を用いる場合は、「構造化
された質問紙調査」である。調査票は紙媒体と、電子媒体に二分さ
れるだろう。杉野らのデータ収集モードの分類に従えば、「タブレ

ット調査」はコンピュータ支援の自記式調査 CASI となるだろう。媒体の違いは回答者が何を手に取り，どのように入力するかの違いにとどまらない。それは回答者にとっての協力しやすさに影響する。紙媒体と電子媒体の違いはいくつかにわけて考えなくてはならない。以下のようにまとめられる。

ⅰ．調査依頼者がいだく警戒感が少ない。現在のようにスマートフォンが普及している社会では，スマートフォンの画面を他人に見せることは，紙を見せるよりも違和感なく受け止められる。

ⅱ．回答入力のしやすさがある。紙の調査票に回答するよりもタッチパネル，またはキーボード入力であり，回答しやすく回答時間が短くなる。

　前述のように大隅は，「インターネット調査」が「電子メール調査」と「Web 調査」を含むとしている。本書でとりあげる「タブレット調査」は「Web 調査」に含まれるが，いくつかの違いがある。「タブレット調査」の最も重要な点は，モバイル特性である。大隅が当初想定した「Web 調査」は，調査協力者選定に注目しつつ，デスクトップ型コンピュータを想定したものであろう。この点はモバイルテクノロジーの進歩によるが，フィールドにおいて協力者を得ることができる点は，「タブレット調査」の特性であろう。もっともスマートフォン利用を前提とした，SNS を利用した調査では，「タブレット調査」のモバイル特性は相対化されてしまうだろう。両者は異なる位置づけとなったり，改めて収斂したりという関係になる

が，「電子メール調査」とは隔たるだろう。「電子メール調査」では，調査実施主体が回答者の電子メールアドレスを知っているという点で，「タブレット調査」とは異なる。SNSを利用した調査でも，SNS管理者は回答者の電子メールアドレスにとどまらず，個人情報やプライバシーを得ているが，利用者にはその認識は，ないとは言わないが，うすいだろう。

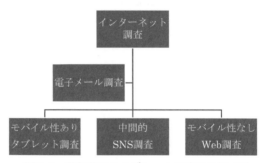

図7-2　現段階でのタブレット調査の位置づけ

4. タブレット調査票導入に向けての準備

　調査では回答入力のためにタブレットが必要になる。2017年調査では調査員として参加する学生6名に，それぞれタブレット1台を準備した。2018年調査では参加する学生12名を2人1組として6グループを作り，各グループにタブレット1台を準備した。タブレットのサイズについては価格との関係でいくつも検討し，屋外での調査であることから，携行に適した7インチディスプレイ型（9cm×15.2cm)[4]を採用することとした。タブレット調査票の文字サイズは小さいが，タッチパネルによる拡大が可能であり，レイアウトについても問題はなかった。タブレットはスマートフォン程度の

重さであり，携行に支障はなく，調査終了後に充電しておけば一日利用できる。

　さらに屋外で利用するため Wi-Fi が必要となる。これについては 2017 年調査では一般的な海外旅行用のレンタル Wi-Fi を 6 台レンタルすることとした。2018 年調査では経費節減のためレンタル Wi-Fi を 3 台購入した。タブレット調査票作成にあたっては，2013 年および 2014 年調査にて使用した紙媒体調査票を一部修正して [5]作成した。調査実施直前には調査員が，タブレット調査票の使用練習を行った。大きな困難はなく実査において利用できるものと判断できた。調査コストについては，アンケート分析クラウド "Questant" は年間利用料約 50,000 円，タブレットは 1 台約 20,000 円である。レンタル Wi-Fi は 1 台約 16,000 円である。現地で購入した Wi-Fi は 1 台約 16,000 円であり，Sim カードを購入することにより，再利用が可能である。

5．ペットフレンドリーなコミュニティ調査
2017 年調査実施と 2018 年調査の改良

　2017 年調査は，初めてのタブレット調査実施であり，いくつかミスがあった。出発前に調査に先立って，リハーサルを実施した。そこでは架空のデータベースを作り，1 票回答練習した。このデータベースは廃棄した。ここまでは問題がなかった。調査を実施して初めての 1 票目は学生が公園利用者に調査に依頼することで余裕がなく，調査員個別コード入力を忘れ，回答者が調査員個別コード欄に名前を入力してしまうミスがあった。手際が悪いながらも概ね問題なくうまく票を回収できた。

大きなトラブルは2票目に移行する際に発生した。調査員学生は口々に「2票目に入れない」と言う。確認すると確かに入ることができない。その場ではわからなかったが，"Questant"では同一の端末から再度回答することが想定されていない。インターネット調査の場合には重複回答はできない前提である。そのためにどの端末から回答されたかを判断するためにCookieを設定し，重複回答を防いでいる。その後調査員学生の機転で，Cookieを受け入れないタブレットの「シークレットモード」を利用することで，2票目に入ることができた。このことはクラウドソフトに関する誤解が原因であり，リハーサルにて2票回答練習するべきであった。2018年調査ではこの点を検討し，ソフトの設定を「同一の端末から，複数回回答を受け入れる」にセットした。この点ではトラブルはなかったが，購入したWi-Fi自体のハードの不備などがあった。

　筆者らの調査をモード別にPAPIと，CASIで比較すると右の表となる。さらに詳細を記すと，調査日時はいずれも8月最終週の週末と9月第1週の週末，この時期米国ではレイバーデイをはさんだ連休になる。天候はいずれも晴れであり，中止を懸念する雨天はなかった。気温については記録していないが，服装は少し涼しいと長ズボンと長袖，暑ければ短パンとTシャツが適していた。2018年調査は猛暑のため，1時間30分前倒しして実施した。それ以外は，いずれも9時から12時，移動時間などにより多少のばらつきがあるが，休憩を含み約2.5時間である。

　以上の条件のもとで回収した票数と，1人時間あたりの票数は以下である。PAPIモードにより実施した2013年調査と2014年調査と，CASIモードにおいて実施した2017年調査と2018年調査を比べると，

CASI モードの方が合計回収票数が多い。質問数も回収票数に影響する，2013 年調査は 33 問，2014 年・2017 年・2018 年調査は 31 問であった[6]。

1 人時間あたり票数は，2018 年調査では低くなっている。これは参加希望学生が多く，人数分のタブレットを用意することができず，2 人 1 組のグループを構成したため，1 人時間あたりの票数が低くなった。学生からは自分のスマートフォンを利用してよいかという申し出があったが，タブレットと比べて画面が小さくなることで調査の等価性に疑問を感じたので，利用はやめてもらった。しかし 2

表 7-1　調査モード比較

	2013 年調査	2014 年調査	2017 年調査	2018 年調査
調査員学生数	5 名	3 名	6 名	12 名
学生学年所属	研究室所属 3 年生 5 名	研究室所属 3 年生 1 名， 2 年生 1 名， 他大学 1 名	動物応用科学科 3 年生 5 名 環境科学科 2 年生 1 名	動物応用科学科 2 年生 6 名 同 3 年生 4 名 環境科学科 3 年生 2 名 （研究室所属 1 名）
学生男女比	男子 3 名 女子 2 名	男子 1 名 女子 2 名	男子 2 名 女子 4 名	男子 2 名 女子 10 名
調査実施日時間	3 日 × 2.5 時間 7.5 時間	5 日 × 2.5 時間 12.5 時間	4 日 × 2.5 時間 10 時間	5 日 × 2.5 時間 12.5 時間
調査地別	SF 1 日 NY 2 日	NY 3 日 SF 2 日	NY 2 日 SF 3 日	NY 2 日 SF 3 日
回収票数	41 票	33 票	119 票	159 票
調査地ごと	SF 18 票 NY 23 票	NY 23 票 SF 10 票	NY 52 票 SF 67 票	NY 31 票 SF 128 票
調査モード	PAPI	PAPI	CASI	CASI
1 人時間あたり票数	1.1 票 / 時間	0.9 票 / 時間	2.0 票 / 時間	1.06 票 / 時間

※ 1 人時間あたり票数は，回収票数÷のべ調査実施時間（時間×人数）

名1組が効率的でなかったわけでもない。学生間では協力者への声掛けを交代制にしており，2人であることから不安は低減したようである。また，1人の場合だと，1票取り終えたら多少は息抜きとなるが，交代制ではいつでもモラールが高かった。学生の違いについては，調査員学生の専攻の違いがある。2013年調査と2014年調査では生命・環境科学部環境科学科環境社会学研究室（現地域社会学研究室）所属学生（1名をのぞき3年生）と他大学学生1名であった。2017年調査では5名が獣医学部動物応用科学科3年生と1名が環境科学科2年生であった。18年調査では動物応用科学科2年生6名，3年生4名，環境科学科3年生2名であった。CASIモードとなった2017年調査以降は動物応用科学科学生が多くなっている。

6. タブレット調査票利用メリットとデメリット

　ここでは前述の杉野らによる研究結果と比較を試み，タブレット調査のメリットとデメリットを明らかにする。

6-1. 調査モード比較研究結果との比較

　杉野らは自ら実施した調査モード比較研究結果から，以下のようなメリットを明らかにしている。タブレット調査票を利用することにより，タイムスタンプを利用して実施日時と回答時間を記録できたことをあげている。筆者らによる2017年調査・2018年調査で利用したQuestantにおいても，同様な記録ができた。このことにより回答時間が極端に短く，無回答傾向が高い票を選別できた。

　杉野らは調査協力への同意の署名を，タッチペンを利用して記入させることを想定している。筆者らによる調査では唾液サンプルと

いう，遺伝子レベルでの試料を得るため，「麻布大学ヒトゲノム・遺伝子解析研究に関する倫理審査委員会」にて審査を受けた。その際に質問紙において個人を特定できる内容を収集しないことを条件とした。手書きにより同意のサインを記入してもらうことは，氏名という個人情報を得たことになるか熟考したが，手書きサインは採用せず，同意欄にチェックマークを入力してもらうことにした。タッチペンは便利であるが，個人情報の受け取りという点では，別の方法を検討しなくてはならないだろう。

　杉野らはタブレット調査において，録音や録画の可能性を検討し，結果としてプライバシー保護のために，採用しなかったという。筆者による調査でも録音・撮影は実施しなかったが，飼い犬の歯周病罹患状況を記録するという点では，利用の可能性があった。実際に調査員学生が，飼い犬の写真を撮っていいかと尋ねた場合，拒否されることはなかったという。

　杉野らの調査でも，調査データを実査本部に接続させるため，大手コンビニエンスストアーによる無料 Wi-Fi を利用し，データ送信に手間取ったと記している。筆者らによる調査でも，Wi-Fi の不調，通信速度低下の問題はまったく同様であった。この点については Wi-Fi 環境の整備やバックアップ体制の補強をはからなくてはならない。

　回答者タブレット調査票操作不慣れという世代的な問題は，筆者らによる調査ではみられなかった。逆に 50 代の回答者がよりよい設定を試みてくれたことがあった。杉野らは対象者の調査協力は従来と同程度であった（杉野・俵・轟 2015：263-6）というが，筆者らによる調査では，PAPI と CASI を厳密に比較しうる条件の設定が

219

なかったので，前述のような感覚的にしかいえないがある程度効果があったと考えている。

6-2. メリット

実施以前に想定した，①回収調査票管理，②転記不要，③調査実施時間や場所記録などのパラデータ取得が容易，という点については想定した通りのメリットが確認できた。これらに加えて，調査協力者本位の回答しやすさが高まった。以前の調査はバインダーにはさまれた調査の依頼状と説明書さらに承諾書を読んでもらい，ペンを渡し紙媒体の調査票に記入してもらう。こうした一連の煩雑な作業を省くことができ，以前よりは気軽に回答してもらうことができた。使用する調査票は 31 問 6) からなり，極力質問数を減らすことを心掛けたが，紙媒体 5 ページの調査票よりも心理的な負担感は軽減したことと考えられる。

単純集計の容易さについては，タブレット調査票に由来するものではなく，集計ソフトに由来することだが，グラフ作成が自動的に行われ，別のグラフスタイルに変更することも容易である。また回答者それぞれの個票ページに戻り確認することができる。

従来フィールドワークの成果は，すべての終了後に冊子や書籍を刊行すること，または学会や研究会での口頭報告において，公にすることがほとんどである。タブレット調査票を利用する直接的な効果ではないが，個人を特定されないことに最大限留意すれば，SNSにおいてフィールドワークの成果の一部を，発信することができるだろう。また調査計画中から実施までであれば，既知の研究者から質問に対するアドバイスを受けたり，追加の質問を求められたりす

ることもありうる。いずれにしても，調査やフィールドワークを一人の調査する側と，一人の調査される側との社会関係から，オープンなものに改めることが可能だろう。

　次に記す点はメリットでもあり，後述するデメリットでもある。それは回答選択肢数制限に関してである。紙媒体調査票において「一つだけを選択してください」という設問で，複数の回答選択肢に○がされる場合がある。このことは制限回答を明確に示すべきであり，調査票を作成する側の非に帰するだろう。タブレット調査票ではラジオボタンを利用して，一つしか選べないようにすることが可能である。また設問によっては複数選択をすることも，タブレットにあるキーボードを利用してテキストを入力することもできる。

6-3. デメリット

　事前にタブレット調査票利用のデメリットは想定できなかった。タブレット調査票導入による本質的な問題としては，等価性の問題があるだろう。等価性の問題は従来国際比較調査の実施にあたって，翻訳に由来する意味の違いの問題である[7]。ここでは紙媒体調査票とタブレット調査票との「等価性」について考える。従来の書籍と電子書籍を比較した場合には，同等コンテンツを読んだと考えられるだろう。調査票の場合は回答しやすい，回答しにくいという問題がある。視覚的な点ではタブレット調査の場合，拡大と縮小が容易であり回答しやすいと言えるだろう。限定的な結論であるが，紙媒体調査票とタブレット調査票の等価性は確保できていると考える。

　それは回答への承諾にかかわる問題である。2013 年調査・2014年調査では協力者に，説明書の下部に承諾の日付とサインをしてい

ただいた。本調査は学内倫理審査委員会での審査と了承を経て実施している。同委員会ではDNAレベルでの情報，この場合唾液サンプルを採集する場合に個人を特定できないようにすることが求められる。具体的には調査において個人情報を集めているか否かと，インフォームドコンセントが焦点となる。日本語で承諾の署名をした場合には，氏名という個人情報を収集したこととなる。問題はアメリカにおいて調査した場合の，手書きサインは個人情報を収集したことになるのかという点であった。同委員会ではこの点グレイゾーンと判断し，保存に注意することとして了承された。

　前項でメリットとして評価したラジオボタンは，デメリットも考慮しなくてはならない。単一の選択肢しか選べないラジオボタンの利用により，回答選択数に関する制限までを，承諾したと言えるのか問題が残る。「一つだけを選択してください」という設問は，指示が伝わったかだけの問題ではなく，理解したうえであえて複数を回答する場合がありうるということである。タブレット調査票では，回答選択数の制限に関して，「調査する側」による制限を，押し付けることになりうることに留意しなくてはならない。この問題はパラデータ収集についての問題にも通底する。

　調査票の保存については，研究プロジェクトの終了までとすることがある。分析クラウドを利用した場合では，いつでも容易に表計算ソフトでのデータベース保存が可能であった。しかしながら分析クラウド上に保管し続けると，利用経費 8) が掛かってしまう。調査票の回収終了後はデータベースのみを手元に保存し，分析クラウド利用を閉じてしまうことが可能である。

7.　今後に向けて

設問等の改良必要性

　紙媒体調査票を利用した 2013 年調査および 2014 年調査では犬種と犬齢を尋ねた。ほとんどの有効票で犬種と犬齢が記入されていた。しかしながら 2017 年調査のタブレット調査票では一つの設問で犬種と犬齢を尋ねたため，犬種のみを回答し犬齢が入力されていない票が多くみられた。このことはタブレット調査票において，多頭飼いを想定して何匹もの犬種をテキスト入力できる括弧を置いたため，画面上右側の犬齢を入力する括弧が見逃されてしまったためと考えられる。2018 年調査ではこの点について修正を試みた。タブレットという狭い視覚空間に対するデザインが重要な課題となる。

　クーパーや大隅らが指摘する，パラデータをめぐるインフォームドコンセントについて，ここでは回答における場所と発信端末，時間情報を集めていることについては，実践を重ねるうえで最大限の配慮が必要になるだろう（クーパー＝松本 2017：21；大隅ほか 2017：59）。タブレット調査票の利用により，社会調査が新たな可能性を見出すことを望んでやまない。

【注】
1)　この類型では移行期という背景があり，様々な形態の SNS を位置づけるには至らなかった。SNS を利用した社会調査については（亀井 2017）を参照のこと。
2)　ここでのクラウドとは単にデータを保管する場所ではなく，集計プログラムが稼働する電子空間をいう。
3)　この段階においては，株式会社メディアシステムソリューション長井伸明氏と同鹿又京子氏に貴重なアドバイスと支援をいただいた，改めてお礼を申し上げる。

4) 本調査では HUAWEI 社製 CE0682 を採用し 6 台を購入した。

5) 一部誤記や不要な質問を削除した。Questant には回答選択肢の配置順序による効果を減じさせるため，回答選択肢を毎回ランダムに配置する機能があるが，2013 年調査，2014 年調査との等価性を考え，この機能は利用しなかった。

6) 2013 年調査では，「飼い犬が死んだ場合」について，「飼い犬の埋葬」について質問したが，2014 年調査以降はこの 2 問を削除した。

7) 等価性については放送大学ビデオ教材，2004『社会調査の最前線——調査法とその課題』財団法人放送大学教育振興会．を参照のこと。

8) "Questant" は株式会社マクロミルの登録商標である。同プログラムでは無料版と有料版が設定され，質問数制限有無・回答票数・メールまたは電話でのサポートレベル・回答モニター利用可・集計ソフト利用可の違いがある。

2017 年 8 月 23 日〜9 月 8 日
2017 年アメリカ調査フィールドノート（抄）

※筆者によるフィールドノートに,「参加学生によるレポート集での記述」
を一部修正の上追記した。

2017 年 8 月 26 日　土曜　晴れ
調査 1 回目　New York Brooklyn Fort Greene Park にて

　9 時 Fort Greene Park に, 皆我先にと動き出した。このあたり
はすごいなと思う。怯む学生はいなかった。最初に OK だといい流
れになる。意外に○○（学生名前）がどんどんと進む。1 つの端末
から 1 回のみ回答する設定であり, 2 票目にはいれないと言う。○
○のアイデアで,「シークレットタブ」
から更新してはいると難なく続けられた。
9 時 30 分になり人がぐっと減る。

　皆そろって岡の上のタワーの方に向か
う。3 票目はシークレットでも入れない
と聞いて困ったなと思ったが, 何とかな
ったようだ。学生のメディアリテラシー
に助けられている。2 票までは全員簡単
にクリアした。ここまで 10 票である。

犬はいいが，自分の唾液を断られたという報告があった。○○は割と多く票をとっている。10時30分一休みしている。後でFulton St.で飲み物でもと言うと，いや昼食の方がいいですと言う。これは参った。ネガティブな流れの学生がいないのはすごいことだ。皆上向きである。やはりFort Greeneはいい，調査地5分圏内宿泊だ。10時50分○○以外の5人が集まる。以前のやる気のない学生の話をすると○○は「なんでこんな楽しいのに」と言う。学生にははっぱをかける必要がない，実に快適だ。調査実施光景を撮影，録画する。

※学生による記述

・調査はやっぱり初めの一言にとても勇気がいる。歩いている人には話しかけづらいので，ベンチに座っている人に話しかけた。一人目は優しそうな老夫婦に話しかけた。唾液採取の時に「アハハハ！おもしろいね！」と言っていた。"Sure!"といって調査に協力してくれたが，日本語表記になってしまい，もう一度初めからやってもらった。時間がかかってしまって申し訳ないと思ったが笑顔で「大丈夫」と言ってくれた。犬の唾液採取は嫌がって大変だった。飼い主さんが口を押さえてくれた。

・初めての調査地はFort Green Park。やる気満々で挑んだ調査，9人の方々と10頭の犬に協力をしてもらった。調査はとても楽しく，初めてだったが問題もなく皆さん快く引き受けてくれた。断られてしまったことも何度かあったが心折れることなく調査を続けることができた。初調査で感じたことは，アメリカの犬たちはみなとてもしつけがよく，唾液の採取もあまり嫌がらずスムースに行えたことに感動した。一方

で自分の英語力には失望したが，調査協力を依頼することに不自由は
なかった。

・調査の協力者にタブレットで直接答えてもらうだけでなく，口頭で質
　問して自分たちで入力する方法もありかなと思った。2組目はアンケ
　ート調査には OK したが，唾液採取になると協力してもらえなかった。
　タブレットで説明文を読んでもらうだけでなく，口頭でより詳しく要
　点をまとめて説明する必要性を感じた。

・調査初日。初めからガツガツ聞いた。先生が目標は4人といっていた
　が7人から票を集められたので上々の滑り出しではないかと思った。
　アメリカの人は調査に協力的な人が多かったです。最初の方は慣れて
　いなかったのでコミュニケーション取れないまま調査をしていました。
　慣れ始めると簡単な会話ができるようになりました。

8月27日　日曜　晴れ
調査2回目　Fort Greene Park にて

　8時50分 Fort Greene へ，皆ハンター
の様な目をしている。9時になると入れ
食い状態である。それは何と寄ってくる
人もいる。15分になると潮が引くよう
に人がいなくなる。教材用に写真や DV
を盛んに撮る。得難い貴重な教材だ。10
時一度休憩，15分再び開始，ほぼ100本
を使い切り11時となる。Brooklyn 調査

を無事に終えてよかった。

※学生による記述

・昨日と同じ場所で調査した。この日の1人目は家族連れで，2歳の子供もいた。2人目は芝生で遊んでいたおじさんで，イヌは草を食べていた。3人目はパグを連れた若い人で，どこから来たのか，いつからここにいるのか聞かれた。結果が気になるということで先生の名刺を渡した。4人目も若い人で，ラブラドールとボクサーの雑種みたいな子を連れていた。この日は，断られることが多かった。兄がカナダに行っていて代わりに面倒を見ている，時間がないという理由で断られた。昨日は唾液採取だけ断られたけど，初めから断られたことはなかったので，ちょっとテンション下がった。

・8時30分に出発して再びフォートグリーンパーク調査に向かった。1組目は両親と2歳の子供連れだった。出身地で日本国内の地名を聞かれたときは横浜か東京だと理解されやすいと思う。2組目は調査のことで食器はナイフとフォークのことかなどと質問された。3組目はパグを連れた男性で，先生の名刺を渡した。4組目は黒い犬を連れた長身の男性だった。今日は4組のサンプル採取が成功した。今日は断られるケースが多く見られ，その理由としては調査時間が10〜15分と長いこと，カナダに行った兄弟の犬を連れていること，唾液採取ができないことなどがあげられた。質問では大学名や在住歴，滞在日数や唾液サンプルを自分たちで検査するのかなどを聞かれた。

9月2日　土曜　晴れ

調査3回目　Berkeley Ohlone Dog Park

　8時45分出発。9時10分 Bart にて，
2駅，○○はやる気が満ちている。35分
到着調査開始する。10時になると人が
減る。ひと通り取れたようで，出入りは
まぁまぁ，来た人に声を掛けるという感
じだ。

※学生による記述

・Bart で North Berkeley 駅まで行き，
　Ohlone Park で調査をした。ここは柵があってその中に犬が放し飼
　いにされていた。1人目は若い夫婦，2人目はおじいさん，3人目は編
　み物をしていたおばあさんに協力してもらった。Fort Greene Park
　と比べたら狭かったので，聞ける人にも限りがあった。断られること
　もあった。タブレットの文を読んで，とても興味を持ってくれたが，
　ドッグワーカーなので無理と言われた。とても残念そうにしていた。
　唾液採取は，犬はいいけど，自分はダメと言っていた人もいた。

・8時45分に家（宿泊した戸建バケーションレンタルのこと，以下同）を出て，
　Bart で North Berkeley 駅の Ohlone Park へ向かった。Ohlone
　Park のドッグランは NY の調査地と比べとても狭く，住宅地に囲ま
　れていることもありドッグラン内でのコミュニティもあるように見受
　けられた。犬を連れていない私たちがドッグランに入り，突然話しか
　けて唾液をくれとお願いしても受け入れてもらえないのではないかと

いう不安がよぎったが，みなさんとてもフレンドリーで気さくに引き受けてくれた。ドッグランに訪れている人はあまり多くなかったので12時まで来る人来る人に声を掛けて調査を行った。気持ちも改め調査に挑んだのだが，NYのようにはうまくいかなかった。しかしながらこのドッグランにいた方々はNYの調査地に比べて気さくでフレンドリーな方が多かったように感じた。

・朝8時30分に出発し，電車でオーロンパークに向かった。今日の調査に協力してくれたのは3組で，1組目は若い夫婦だった。2組目の女性には専門分野を聞かれたので animal science と答えた。3組目は編み物をしていた女性で，その隣に座っていた調査済みの女性が調査の説明に協力してくれたので，話を進めやすかった。この女性が犬と人との伝染病について調査することは good idea だと褒めてくれた。他にも調査に興味はあるけれどドッグワーカーではダメなのかと聞く人などがいた。

9月3日　日曜　晴れ
調査4回目　Ohlone Dog Park

　8時40分出発，9時10分 Ohlone 着。30分スタートした。昨日の人たちが多い。40分動き出す。犬も増えてきた。13歳の老犬，動けず車イスである。糞をしたので袋をとって渡すと感謝された。アドバイスする人物あり，水泳の浮力体を使ってと話している。ペット友人だ。友人

でなくてもいいかもしれない。アメリカ人は陽気で親切だ。合計
13票，今日は駄目だった。

※学生による記述

・昨日と同じ場所で調査した。1人目はジャーマンショートヘアード・
　ポインターという犬種の犬を連れたおばさん，2人目は2人組のおば
　あさんに協力してもらった。今回はのんびりとしていて，ずっとワン
　ちゃんたちの様子を眺めていた。黒と茶色が混じった柴犬，とても人
　懐こいコリー，車いすのラブラドールなど色々いた。コリーは思って
　いたよりも大きくてびっくりした。1頭シェパードがいて，その飼い
　主さんに調査をお願いしている時，まだ子供でやんちゃなのか手を噛
　まれそうになった。うまく回避したが，あまり落ち着かなさそうなの
　でやめた。昨日いた人が多かったため，あの人は聞いた，昨日いた，
　などと友達と情報共有して調査を進めた。

・8時40分に家を出て，この日もOhlone Parkで調査を行った。前日
　同様とてもアットホームな環境だったせいかとてもまったりと調査を
　することができた。英語にもだいぶ慣れて飼い主さんと少しはお話し
　できるようになり，話も弾んで楽しかった。

・2日目の調査もオーロンパークで行い，今日は2組のサンプル採取に
　成功した。1組目は白と茶色のぶちがある犬を連れた白人女性で，こ
　の人はアンケート調査で不具合があり，なかなか送信できなかった。
　理由は聞かれた質問と違う内容を入力していたらしく，先生に訂正し
　てもらうことになった。2組目は女性2人で白い小型犬を連れていた。

調査に協力してもらっている間，質問に答えていると，先生が話し相手になってくれて話を聞いていた。大学名や場所，専門分野などの話をしていた。今日は 11 時 30 分頃に切り上げた。

・サンフランシスコ調査 2 日目。今日は不調。日本人の方一人からしか取れなかった。それでも，いろいろなことを話せて楽しかった。アメリカ在住 20 年以上でサンフランシスコ以外にも住んでいたそうです。昨日の今日で場所が同じ，来ている人も同じ様な人たちだったのでやる気が起きなかった。

9 月 4 日　祝日　晴れ
調査 5 回目　San Francisco Alamo Square Park にて

　10 時 30 分アラモスクエアにて開始した。「ペット友人との会話」の質問がウケたようで，「トランプの話だよ」と回答があったそうである。○○は最初に唾液テストの説明をしてから聞くと無駄がないという。協力したくれた男がベンチにすわった。ラブラドールのミックスだという。ウィスコンシン出身で食器は共用している。SF はカジュアルだが，NY はどうかなと言い，Brooklyn だとこたえる

と，ならいいと言う。当たり前のことだが調査は楽しくないとうまくいかない。答える側もそうだ。○○が戻ってきたので話すと，女の人が優しかったそうだ。こちらも緊張しなかったという。説明文流し読みで，自分

の唾液は駄目だが，犬の唾液は OK という回答者がいたという。13
時終了，打ち上げとなる。13 時 30 分バスの中でも皆声高に話して
いる。

※学生による記述

・調査最終日は場所を変えて，アラモスクエアで調査した。1 人目はベ
ンチにいたおばさん，2 人目は補聴器をつけたおばさん，3 人目は茶色
のラブを連れた若い夫婦，4 人目は白いスピッツを連れた若い女性，5
人目はフリスビーで遊んでいた若い夫婦の人に協力してもらった。2
人目の人は相手が，私の補聴器を見て「私もつけているのよ！」と言

った。お茶目な性格もあり，ジ
ョークも言っていた。3 人目は
唾液採取できなかった。パグが
2 頭いてずんぐりむっくりとし
た体がかわいかった。2 頭一緒
に並んで後ろからとるともっと
かわいかった。

撮影：持田詩織

・この日は調査地を変更して SF Alamo sq. にて調査を実施した。ここ
は広い芝生地帯があり犬を連れている人はみんなノーリードで犬を放
していた。最後の調査でもあったのでとても気合を入れて調査に臨んだ。
この調査地にいた方々は今までで一番フレンドリーだったように感じた。
アメリカに来てからの約 11 日間で英語もだいぶわかるようになってい
たので，いろいろな話をした。高校時代日本語を勉強していたという
方がいたり，SF のおすすめの場所を教えてくれたり，飼っている犬

の話や地域の話，私たちの学校の話など様々な話をすることができとてもいい経験になった。調査をしていて印象に残ったのが，ペットフレンドとどこかに出かけたりするか，というアンケートの質問に対し，ペットフ  レンドという括りがまず日本的な考えであると指摘されたのがとても強く記憶にある。アメリカではとても多くの人がペットを飼っているため，ペットを飼っているから云々という考えはないよ，と指摘をされた。このような突き詰めた話まで現地の方とお話しできたことはとても貴重な体験であり，この調査を行っていなければ気づくことのできなかったことである。最後の調査は，この調査に参加して本当によかったと感じられる締めくくりになったのでとても良かった。

・今朝は Powell 駅からバスに乗りアラモスクエアで調査した。ここでは最初断られてしまうことが多く少し不安になったけれど，後半は調子よく親切な人が多いという印象を受けた。断られた理由としては5分でできないことやペットシッターであることなどがあげられた。今日は4人のサンプル採取に成功した。1組目は先生のベンチの隣に座っていた女性で小型犬を連れていた。2組目は黒い犬を連れた女性で友達が補聴器を付けているのを見て自分もだよと話しかけてくれた。3組目は茶ラブを連れた若い夫婦で，先生の名刺を渡した。4組目の女性はよく電話をしている女性でハネムーンが東京と京都で子供もいると話してくれた。調査を受けてくれると言ってくれたが，唾液採取に

なると断られてしまった。5組目は若い夫婦でアンケートに答えてくれている間，犬がフリスビーを投げてと催促していた。

・調査地を変更して Alamo sq. で調査。ここの人たちはなんだか調査に協力的な気がします。そしてやっぱりゲイカップルは優しかったです。日本でお仕事していたと言っていました。

2018 年 8 月 23 日〜9 月 7 日
2018 年アメリカ調査フィールドノート（抄）

8 月 25 日　土曜　晴れ

調査 1 回目　New York Brooklyn Fort Greene Park にて

　8 時徒歩にて出かける。学生には Wi-Fi とタブレットの充電をしてもらった。Wi-Fi 2 台は少なかった。ダウンロードできない，アップできない。前回成功した条件を変えるべきではなかった。8 時 50 分調査スタート。タブレット不調で取り換える。Wi-Fi 少なくスピード遅い。何人か日本語モードから英語モードに換える。9 時 30 分になり人が少なくなる。30 分ロスした。調査は 9 時から 10 時の 1 時間だった。ダメな 1 回目だった。対策を考えないといけない。2 人 1 組の調査はいいグループ編成である。

※学生による記述

・天気は晴れ。今日は初めての調査。自分

は緊張していた。上手く人と話せるかどうか，ちゃんとタブレットは起動してくれるかどうかなど不安もありつつ出かけた。今日，明日はフォートグリーンパークで調査を行う。ろくに英語も話せないし人見知りだし大丈夫かと思った。しかし，話さなくては始まらない。勇気を出して話してみた。すると，気さくに答えてくれた。断られる時もあったが優しかった。

・今日は調査1日目で8時にロビーに集合した。Fort Greene Park という公園に行きすぐ驚いたのはリードなしでイヌが自由に歩いていてどの人が飼い主かわからないほどだった。また大型犬がノーリードで公園の広場で仲良く遊んでいる姿をみてどのようにしつけているのかとても気になった。初日は出だしとしては順調で，つたない英語でも快く受けてくれる人が多かった。

・8時にホテル出発し，初調査へ向かった。先輩がたくさんフォローをしてくださり順調にアンケート，スワブを取ることができた。声をかけた方々がみんな親切で順調に進み楽しかった。今日はWi-Fiのトラブルがあったため，調査を中断して一旦ホテルに戻った。

・午前中に最初の調査を行なった。初めこそ海外の方に英語で話しかけるということで，不安でいっぱいだったが皆さんとても親身に話を聞いてくださり嬉しかった。しかし，その後Wi-Fiが使えなくなるというトラブルが起き調査は中止になった。

・みんなでロビーに集合し，歩いてFort Greene Parkへ調査に向かっ

た。想像以上に土地が広く，利用者も多くて驚いた。基本的にはノーリードで，どの犬も飼い主が呼ぶときちんと戻ってきていて，しつけの良さを感じた。この日はあまり断られることがなく，スワブをやってくれる人も多かったが，Wi-Fiの不調であまり票が取れなかった。

・朝，少しミーティングをしてから徒歩で公園へ向かった。ホテルから公園は比較的近かった。はじめはどうやって話しかければよいかわからず戸惑ったが，一度話しかけてみるとどの人も優しく，こちらの話もしっかりと聞いてくれた。英語にも自信はなかったが，自分が持っている英語力でもなんとかなるのだなと思い，自信がついた。今回はWi-Fiの調子が悪く，早めの切り上げとなった。

・8時に集合し，初めての調査に向かった。徒歩でFort Greene Parkまで移動し調査を始めた。公園は犬をつれた人がたくさんおり，ほとんどの人がリードなしで犬をつれていた。話しかけるまでにしばらく時間がかかってしまったが，話しかけてみると私たちの話を最後まで聞いてくれて，親切な人が多かった。この日は断られることも多く，スワブを集めた数は少なかった。

・歩いてFort Greene Parkに行った。沢山の犬が放し飼いにされて走り回っていた。朝9時までが放し飼いにしていいということらしい。日本では見ることのない光景だった。英語が話せなくて，これまでに味わったことのない危機感を感じた。今回は，○○と合わせて2組。頑張るぞ！っとやる気が出てきたところで，Wi-Fi環境悪くて中断。悲しかった。

・調査1日目，機械トラブル（Wi-Fi トラブル）続出で大変だった。最初のページに戻れないとか，アンケート送信ができないとか，大変もいいところだった。アンケートが始められてもキーボードが日本語設定のままだったりバタバタしていた。それでも協力してくれた方は皆親切で，こっちが話すたびに ok とか言ってくれたり，こっちが聞き取れない質問をわざわざアプリで日本語にして見せてくれたり，声をかけた段階で no と言われなかったのが驚き。結果としては 10 票いかなかったけど少し自信になった。

8月26日　日曜　晴れ

調査2回目　Fort Greene Park にて

　7時50分調査開始する。新しい Wi-Fi はバッテリーがチャージされていない。困ったものだ。まあまあの勢いである。2人1組の調査グループというのは，じつによい。一方が取り終わったらもう一人がすることになり，ロスがない。少しずつ人が増えはじめた。ピークが感じられる。割りとゆっくり着々と票を集めている。昨年は一気呵成にという感じであった。大きな違いだ。公園は陽射しが強い。○○と○○は苦戦している。調査時間は 7時50分から 9時

50分。9時が近くなり人が増える。人が減る中での調査とは勢いが違う。8時40分が最大か。9時なり人が減りはじめる。これからは少しずつとなる。9時10分男性から話しかけられる。この調査，歯周病は大変な問題

だと。歯周病ケアを妻はやりたがらない。4才なのにこの歯だという。サンプルはどこのラボで分析するのかと質問あり。皆心を開きチームになってきた。いい雰囲気であり，アメリカに学ぶところだ。

※学生による記述

・調査2日目で，NYの調査終了の日でもある。この日は新しいWi-Fiも調子がよく昨日以上に順調に調査をすることができた。

・7時半ごろロビーに集合し昨日と同じ公園で8時すぎごろから調査を開始した。昨日はあまりアンケートとスワブが取れなかったため，今日はスワブ全部なくす気持ちで調査をした。私たちは犬から仲良くなり，飼い主を見つけ，声をかける作戦を試した。初めは調子が良かったが，徐々にアンケートのみでスワブを取ってもらえないことが増えた。やはり断り続けられると声かける勇気もなくなる。しかし最後に声をかけた2人組はとてもかっこよく，気さくな方で楽しくNY最後の調査をすることができた。調査を2日間やって，いくつか思うことがあった。例えば，唾液採取でwhyと聞かれてとても困ったので，単語だけでもいいから答えられるようにしておきたい。できれば聞き取れるようにもしたい。ペアの先輩ばかりに負担をかけてしまっていたので自分でもきっちり調査できるようにしたいなどである。今回訪れたドッグパークでは，ワンちゃん達は9時までリードを外してすごく元気で走り回っていた。そして，しつけもすごくしっかりされている印象を受けた。

・朝7時30分にロビーに集合してみんなでまた調査をしに行った。私は

239

○○さんとペアだったので2人で積極的に話しかけて交互に票を記入して行く方式で調査した。昨日はどう言えば良いか何を言っているのか緊張してあまりリスニングができなかったが，今日は相手が何を言っているのか聞いて考えることができた。しかし自分が返す言葉がちゃんと伝わっているかは不安だったのでもっと単語を調べようと思った。調査場所はとても大きな広場でリードがなくて良い時間帯ではとても自由に犬たちが走り回っていて楽しそうだった。

・調査2日目。大倉先生が新しいWi-Fiを買ってきてくださったので，各自Wi-Fiを持てるようになり調査の行動範囲が広がったことで，よりいろいろな人に声をかけることができるようになった。しかし私の班は調査を断られてしまうことが多く，思うように票は集まらなかった。断られる理由としては，朝の時間だったことから時間がないというのが圧倒的で，次に唾液を採取されることへの抵抗感などがあげられた。

・調査は同じくFort Greene Parkで行った。前日の教訓を生かし，早めの時間に開始した。FORT GREENE PARKにはルールがあり，時間になると警備員の方がリードを付けて！と叫び，飼い主がそれまで自由にさせていた愛犬にリードを付ける。それが帰るきっかけとなってしまい，その時間が来ると人がいなくなってしまった。この日はこの唾液サンプルはほかのものには使わないで，と言われたり，代表者の名刺が欲しいと言われたりすることもあった。黒色の小型犬の飼い主さんに調査を受けてもらったとき，犬が目の届かないところまで遊びに行ってしまい調査を中断したが，犬を見つけてからまた続きをやってくださって嬉しかった。

240

・調査2日目，昨日先生が買ってきた wi-fi は好調，今日は合計30位採れたらしい。段々決まり文句にも慣れてきた。大っきいわんこが多くて駆け寄られるとその勢いでしりもちをつきそうになるくらい元気な子が多かった。最後の方はさっきやったよって言われることが多くて狩りつくした達成感？がすごかった。

9月1日　土曜　晴れ
調査3回目　San Francisco Alamo Square Park にて

　8時20分電車にて50分，5番バスにてフィルモアストリートへ，アラモスクエアに到着した。9時調査開始。調査票の番号を今日の番号と考え打った学生あり。通し番号と確認しなくてはならない。スワブで確認し修正表を作らなくてはならない。今日から新しいグループ編成となる。いい編成である。

※学生による記述

・ニューヨークでの調査で一度やっているので，慣れては来ている。公園ものどかで良かった。ニューヨークの人と違うところは，優しいし，おっとりしているところだ。犬も可愛くアメリカの犬はよく教育されているのだなと思った。

・サンフランシスコにおける調査1日目が始まった。バスに乗り公園に向かう。NY に比べるとイヌの数が少ないように感じたがやはりサン

フランシスコの人も優しく受け答えをしてくれた。一番驚いたのはドーベルマンがノーリードで走っていてビックリしたことだ。最初の調査ではあまり票を取ることはできず，すこし残念だった。

・この日は調査1日目。皆は経験しているけれど，私は初めての調査。英語が通じるのか不安でもあり，楽しみでもあった。○○が，話しかけるときのセリフなどを教えてくれたが，途中で散歩中の人を見つけて説明も早々に話しかけに行ってしまった。今思うと，少し悪いことをしたなと思う。

・8時に調査地であるアラモスクエアに向かった。とても高級で綺麗な住宅街であった。公園は坂になっている丘でフォートグリーンとは違い，1つの調査が終わると人が入れ替わっているような感じで3時間フルで調査しやすかった。特にカップル，夫婦の方々に調査を依頼するとOKが出やすかった。また，一言であったが自分から「毎日ここに来ているの？」とほんとに少しであったが，話すことができた。さらに日本人に会うことができたが，急すぎてなんと言えば良いか戸惑った。

・8時に家を出て，アラモスクエアでの調査に向かった。私は○○とペアで調査をした。ニューヨークの時よりも英語が聞き取れて声もかけやすくなった気がした。最初は連続で何人にも断られてしまったが，だんだん調査の仕方に慣れてきたことを実感した。

・サンフランシスコ調査初日。ニューヨークで思うように票が取れなかったことから，後半は巻き返したいとかなり意気込んで取り組んだ。

　サンフランシスコの方々は全体的にとても穏やかで調査に興味を示してくださったので，結果としてたくさんの票を集めることができた。

・アラモスクエアで調査を行った。緑がとても綺麗だった。気温が低いせいか，ニューヨークと異なり朝早くは人が少なく，時間が遅くなるにつれて利用者が増えていった。また，人も違うように感じた。調査を断られることは少なかったが，スワブを嫌がる人は多かった。飼い主さんだけではなく，愛犬も NG だという人も多くいたと思う。ニューヨークよりも多く票をとることができて嬉しかった。調査が終わって丘の上から家々を見ると，可愛らしいものが多くて素敵だった。そばで写真を撮っていたおじいさんに全員での記念撮影をお願いした。

・SF で調査をする初日だった。アラモスクエアで調査を行った。フォートグリーンに比べて案外どの人も調査に協力的で気楽に調査ができた。調査をお願いした人のほとんどがすぐに承諾してくれ，ペアを組んだ子とテンションが上がってつぎつぎに聞きまくっていった。

・サンフランシスコでの調査 1 日目。8 時に出発して駅からバスでアラモスクエアに移動した。公園の雰囲気もニューヨークとは違っており，時間がゆっくり流れているように感じた。ニューヨークでは断られることが多かったがサンフランシスコではスワブをとらせてくれる人が多く，たくさんスワブをとることができた。

・今日から 3 日間調査。8 時出発。Powell St. からバスでアラモスクエアパークへ。アラモスクエアはケーブルカー，ゴールデンゲートブリ

ッジと並ぶサンフランシスコの人気観光スポットである。サンフランシスコの街を見下ろせる高台にある公園で，その前に立ち並ぶパステルカラーのビクトリアンハウス。あの日本でも大人気のドラマ，「フルハウス」のロケ地でもある。私はフルハウスが大好きだったので，ここに来るとテンションが上がった。調査は，○○とペアだった。飼い主さんとペットがニューヨークよりも少なくて，不安だったが，○○と２人で公園の入り口付近で入ってくる人に積極的に話しかけた。とにかくテンションを上げ，明るく話しかけた。サンフランシスコの人々もみんな優しかった。

・サンフランシスコ調査１日目，ニューヨークと違ってすごく多いと感じることはないものの，入れ代わり立ち代わり新しい人が来るためかなりの数が取れた。今日はアンケートのみの人が多く，スワブはあまりやってもらえなかった。個人的には，見た目が恐い人ほどフレンドリーで協力してくれると感じた。

9月2日　土曜　晴れ
調査4回目　Alamo Square Park,
Duboce Park にて
　9時調査開始，合計35票。10時3つのグループ Duboce Park へ移動。10時30分残り1グループも移動する。11時終了。

※学生による記述

・調査 2 日目。今日は昨日に比べ票を取ることができたが既に行ったという人が多かったため現地の人に犬が多くいる公園がもう一つある，というのを聞いてそこに向かった。そこは広くはなかったが，多くのイヌがたくさんいてとてものんびりしている感じが分かった。

・今日も朝から調査。最初は Alamo square にいたが，昨日票をとりすぎたため，あまりとれずに移動。少し歩いた Duboce Park ちかくの公園で調査。はじめにあったレスキュー犬と仲良くなりすぎた。とてもかわいい犬だった。

・調査 2 日目。話しかけるも，昨日協力したという人か，単純に断る人が多く，士気が下がってきたのでポケモン GO を開いた。するとまた色違いが出たので，やる気が出た。場所を移してみたが，狭い公園に大人数で行ったので，怪しまれたり，協力してくれた後だったりした。粘ったが，あまり票は取れなかったのが悔しかった。

・8 時に昨日と同じ調査地に向かった。昨日とは違い 9 時に人が少なかった。また昨日やった人が多くなかなか調査ができなかった。しかし他のペアから近くの公園でよく犬がいると教えてもらい，近くの公園に向かった。そこは小さかったがたくさんの犬がいて調査に協力してくれる方が多かった。やはり，調査の許可が出るとすごく嬉しいし，お話ができると余計に楽しかった。

・8 時に調査を開始したが，昨日やったという人が多かった。途中で近

245

くに別の公園があってそっちの方が調査しやすいという意見をもらったため，4組ほど別の公園に移動した。歩いてすぐときいていたが普通に20分くらいかかった。つくと小さな公園だったが犬連れがいたため，調査を始めた。最初に声をかけた人は帰り際だったが快く応じてくれて，犬はレスキュー犬でとてもなつっこくてペアだった○○さんとその犬は親友になっていた。

・調査4日目。この日は，前日に調査協力をしてくださった方が多く，断られているグループが多かったが，私たちの班は変わらず好調で，とてもいいペースで票を集めることができた。

・調査4日目　最初はアラモスクエアで調査を行ったが，だんだん調査を行った人ばかりになってきてしまったので近くのドッグパークに移動して調査を続けた。アラモスクエアで日本の学校に行ったことがあると言われて嬉しかった。アンケートを受けてくれた方が実は外国人観光客で，スワブを渡そうとしたところ，その方が遊んでいた犬は愛犬ではなく，飼い主じゃないんだ，と言われ驚いたアクシデントもあった。

・この日の調査は，昨日も来ていた人が多く，難航した。そのため，急遽近くにある他の公園へ移動して調査を行った。その公園は他のグループが調査で声をかけた人から教えてもらったところで，すぐ近くにあると言われたらしいのだが，私にとっては近く感じるどころか逆に遠ささえ感じた。こっちの人と距離感覚が違ったりもするのかなと思った。

・サンフランシスコでの調査2日目。9時から調査を始められるように移動し，同じ公園に行ったが，昨日と同じ人が多かったため，途中から近くの公園に移動して調査を行った。調査以外のことも英語で質問されることが多く，とてもフレンドリーな方が多く感じた。

・サンフランシスコでの調査2日目　8時出発。今日もアラモスクエアへ。しかし，前の日に調査をした方や忙しい方が多く，調査開始2時間になっても，1組しか取れてなくて落ち込みそうになった。でも，隣に○○がいてくれたから，諦めず頑張ろうと思えた。2組目の飼い主さんに，今日の調査が順調に進んでないことを話すと，他にも調査に向いている公園があることを教えてくれた。優しい人だった。教えてくれた公園は，ダボスパークというところで，アラモスクエアから歩いて10分くらいのところにあった。ここは，小規模な公園であったがペットと飼い主さんが大勢いた。新しい人たちばかりだったので，さらにやる気が出た。

・サンフランシスコ調査2日目，昨日やったと言われることが多くなり，近くにあるというダボスパークへ，近くの概念を疑う程度には遠かった。今日は多くの人がスワブをやってくれた。個人的にはSFの方がやりやすいというか好き。

9月3日　祝日　晴れ
調査5回目　Duboce Park, Ohlone Dog Park にて

8時5分出発。9時郊外電車バートの工事のためウェストオークランドにて乗り換える。Duboce Park 4グループに Wi-Fi 3台，

Ohlone Park に 2 グループと 2 台。9 時から 12 時まで調査を実施する。現在まで 129 票集めた。これまでの記録更新は確実である。Ohlone は 9 時 30 分スタート，Duboce は 10 時スタートである。日系 4 世のおばちゃんが周囲に「協力してやってよ」とすすめてくれ，実にいい感じで進む。4 人だけに絞ってよかった。今度来たらいろいろ連れてってあげると言う。Ohlone を離れバートへ。13 時オークランド 19 丁目駅にて合流する。Duboce では苦戦したという，Misson Dolores Park に移動したそうである。

※学生による記述

・調査最終日になった。2 班に分かれて行ったがやはり昨日の言った公園でも既に調査に協力してくれていた人が多くいたため少し調査してから新たな公園に向かった。新しい公園はとても広く，またみんな寝そべっていたりのんびり話をしていたりする姿がみられた。

・昨日教えてもらった公園で朝から調査する。とても優しい対応をしてくれた人からサンプルをとれたのに Wi-Fi の調子が悪く，サンプルのデータがなくなってしまったのでやる気がなくなってしまった。ドッグパークにいた人から別のところの方がいるということをきき，Mission Dolores Park に移動した。ここには休日ということもあり，犬をつれた人がピクニックをしていた。広々とした気持ちのいい公園だ

った。

・調査最終日。この日は，二手に分かれ，私たちは先日の移動した公園
　で調査していた。しかし，やはり狭い公園なのですぐに話しかけた人
　ばかりになってしまう。すると，調査に協力してくれた韓国人の女性
　が近くの公園を教えてくれた。その公園は広くて，犬の散歩に来る人
　が多いらしい。そのアドバイスを受けて，歩いて移動した。その公園
　は高校の近くにあり，たくさんの人で賑わっていた。そこで少し調査
　をして，良い時間になったので調査を終了した。

・8 時に出発し最後の調査に向かった。私のペアは思っていたより順調
　に調査ができた。徐々に調査の票が取れなくなったため，20 分歩いて
　大きな公園に場所を移動した。遊具もあって芝生が沢山あってみんな
　が優雅に過ごしていた。12 時に調査を終え電車を待つ間，犬の上に小
　さい犬を乗せている飼い主がいて，写真を撮らせてくれた。また電車
　のなかでは関西大学の学生 4 人に出会った。また，今日は公園で急に
　女の人に声をかけられた。私たちもこんな感じで調査をしようとして
　いるのかと考えると怖いと思った。その分，協力してくれた方々があ
　りがたかった。

・今日は調査最終日で，私たちは小さな公園の方に最初から移動して調
　査した。2 票が Wi-Fi が近くになくて送信できなくてとても残念だった。
　送信できなかった協力者は今までで一番いい人でとても協力的だった
　のでより残念だった。昨日来ていた人もいたので昨日ほどははかどら
　なかったが，あるペアが別の公園の方が大きくていいと言われたので

別の公園にみんなで歩いて移動した。そこの公園はとても大きくてド
ックランのようなところではなく家族でわいわいと過ごすピクニック
場のようなところだった。そのため，飼い主は座っている人がほとん
どだったので協力してくれた人も座りながらできて楽だったのではな
いかと思う。移動時間や接続問題によって結果，票があまり取れなく
て悲しかった。みんなで電車のところに移動しようとしたところ急に
おばあさんに話しかけられ，本当にびっくりして怖かった。急に異国
の人に話しかけられるのはこういう気持ちなんだなと思った。12:00 ご
ろに調査を終了してから，電車に乗るまでの間，犬の上に小さな犬を
のせている飼い主さんがいてとてもかわいくて写真会が開かれた。

・サンフランシスコ調査 3 日目。この日はより多くの票を分散して集め
  るために，二手に分かれて調査を行うことになった。私の班と○○さ
  んの班はオーロンパークという最古のドッグパークと言われている公
  園で調査を行った。この公園で私が最初に声をかけた日系人の方がと
  ても良い方で，公園にいるペットフレンドの方たちに声をかけてくだ
  さり私たちの代わりに協力者を集めてくださって本当に有り難かった。
  その方のおかげもあり，小さい公園ながら 2 班合わせて，持って来た
  スワブを全て使い切るという私的快挙を成し遂げとても嬉しかった。

・2 つの公園に分かれて調査をした。調査終わりに芝生に寝転がってこ
  っちの人の気分に浸った。しかしとても眩しくて日に焼けそうな日差
  しだった。

・調査最終日。この日はサンフランシスコとオーロンパークに分かれて調

査を行った。私はオーロンパークに向かい10時から調査を開始した。ドッグランは思っていたより狭かったが,犬を連れている人は多くいた。最初に話しかけた人がとても協力的で，調査をしてくれる人を一緒に探してくれた。おかげで持ってきたスワブを使い切ることができた。

・調査3日目　8：00出発。今日は，2グループに分かれて調査をした。ダボスパークへ。しかし，昨日調査した組ばかりで調査がはかどらなかったため，近くのミッションドロレスパークへ向かった。そこは広くて,多くの飼い主さんと犬がのんびりと過ごしていた。広大な芝生に,思わず私と○○はダイブ！ 暖かい太陽の下で芝生に寝転ぶことはとても気持ちよかった。その後，調査を開始。

・SF調査3日目，調査最終日，今日は二手に分かれ私はオーロンパークへ。アメリカ1？ 世界一？ 古いドッグパークだとか。ほかの調査地と比べるとかなり小さいパークだった。調査自体はほかの人にも声をかけてくれるおばちゃんがいたりと持って行ったスワブが全部なくなり，うれしい限り。

参考文献

阿部潔, 2009, 「公共空間の快適——規律から管理へ」阿部潔・成実弘至編『空間管理社会——監視と自由のパラドックス』新曜社, 18-56.

Barrett, Richard, 2000, *The Pet-Friendly Garden*, London: Macmillan.

Bauman, Zygmunt, 2001, *Community: Seeking Safety in an Insecure World*, Cambridge: Polity Press. (＝奥井智之訳, 2008, 『コミュニティ——安全と自由の戦場』筑摩書房.)

Beck, Alan and Aaron Katcher, 1983, *New Perspectives on Our Lives with Companion Animal*, Philadelphia: The University of Pennsylvania. (＝1994, コンパニオン・アニマル研究会訳, 『コンパニオン・アニマル——人と動物のきずなを求めて』誠信書房.)

————, 1996, *Between Pets and People: The Importance of Animal Companionship*, West Lafayette: Purdue Press. (＝横山章光監訳, 2002, 『あなたがペットと生きる理由——人と動物の共生の科学』ペットライフ社.)

Behan, Kevin, 2011, *Your dog is your mirror: The emotional capacity of our dogs* and ourselves. (＝早川麻百合訳, 2012, 『愛犬が教えてくれること』早川書房.)

Berkman, Lisa, F. and Ichiro Kawachi eds., 2000, *Social Epidemiology*, New York: Oxford University Press. (＝高尾・藤原・近藤監訳, 2017, 『社会疫学〈上〉〈下〉』大修館書店.)

Bott, Elizabeth, 1955, *Urban Families: Conjugal Roles and Social Network*, Human Relations, 8:345-84. (＝野沢慎司訳, 2012, 「都市の家族——夫婦役割と社会的ネットワーク」野沢慎司編, 『リーディングス　ネットワーク論——家族・コミュニティ・社会関係資本』勁草書房, 35-95.)

Brandt, Libertina, 2019, "Here's how much it costs to rent a one-bedroom apartment in 15 major US cities," Businessinsider2019, (Retrieved July 8, 2020, https://www.businessinsider.com/cost-of-one-bedroom-apartment-rent-major-us-cities-2019-6)

Burawoy, Michael, Alice Borton, Arnett Ann Ferguson, Kathryn J. Fox, Joshua Gamson, Nadine Gartrell, Leslie Hurst, Charles Kurzman, Leslie Salzinger, Josepha Schiffman and Shiori Ui, 1991, *Ethnography Unbound: Power and Resistance in the Modern Metropolis*, Berkeley:

University of California Press.

クーパー, ミック, D.=松本渉訳, 2017「パラデータ概念の誕生と普及」『社会と調査』社会調査協会, 18：14-26.

Castells, Manuel, 1983, *The City and The grassroots*, Edward Arnold.（＝石川淳志監訳, 1997,『都市とグラスルーツ——都市社会運動の比較文化理論』法政大学出版会.）

Delanty, Gerard, 2003, *Community*, Routledge.（＝山之内靖・伊藤茂訳, 2012,『コミュニティ——グローバル化と社会理論の変容』NTT 出版.）

DeMello, Margo eds., 2012, Animals and Society: An Introduction to Human-Animal Studies, Columbia University Press.

Denzin, Norman, K. and Yvonna S. Lincoln, 2000, *Handbook of Qualitative Research Second Edition*, Sage Publication.（＝平山満義監訳, 岡野一郎・古賀正義編訳, 2008,『質的調査ハンドブック　1 巻——質的研究のパラダイムと眺望』北大路書房.）

Duneier, Michell, 1999, *Side walk*, New York: Farrar, Strauss and Giroux.

Elliott, Anthony and John Urry, 2010, *Mobile Lives*, Routledge.（＝遠藤英樹監訳, 2016,『モバイル・ライブズ——「移動」が社会を変える』ミネルヴァ書房.）

Fischer, Claude, S., 1978, Toward a Subcultural Theory of Urbanism, American Journal of Sociology 80：1319-41.（＝奥田道大・広田康生編訳, 1983,『都市の理論のために——現代都市社会学の再検討』多賀出版.）

————, 1982, *To Dwell among Friends*, Chicago: The University of Chicago Press.（＝松本康・前田尚子訳, 2002,『友人の間で暮らす』未来社.）

Fogle, Bruce, 1984, *Pets and their People*, Viking press.（＝小暮規夫監訳, 澤光代訳, 1992,『新ペット家族論——ヒトと動物の絆』ペットライフ社.）

————, 1987, *Games Pets Play*, Marsh & Sheil Associates.（＝加藤由子監訳, 山崎恵子訳, 1995,『ペットの気持ちがわかる本——ヒトとペットの心理ゲーム』ペットライフ社.）

福富和夫・橋本修二, 2002,『保健統計・疫学』南山堂.

Haraway, Donna J., 2008, *When Species meet*, Minnesota: University of Minnesota Press.（＝高橋さきの訳, 2013,『犬と人が出会うとき——異種協働のポリティクス』青土社.）

林良博・近藤誠司・高槻成紀, 2002,『ヒトと動物——野生動物・家畜・ペットを考える』朔北社.

Helmreich, William, B., 2013, *The New York Nobody knows: Walking 6000 Miles in The City*, Princeton: Princeton University Press.

————, 2016, *The Brooklyn Nobody knows: An Urban Walking Guide*, Princeton: Princeton University Press.

————, 2018, *The Manhattan Nobody knows: An Urban Walking Guide*, Princeton: Princeton University Press.

放送大学ビデオ教材，2004，『社会調査の最前線——調査法とその課題』財団法人放送大学教育振興会.

Hugh-jones, Martin E., William T. Hubbert and Harry V. Hagstand, 2000, *Zoonoses: Recognition, Control, and Prevention*, Ames: Iowa State Press.

今田高俊，2001，『意味の文明学序説——その先の近代』東京大学出版会.

井本史夫，2001，『集合住宅でペットと暮らしたい』集英社.

井上大介，2012，「社会調査の実施方法①：調査票の配布・回収——調査票調査はどのように実施するのか」篠原清夫・清水強志・榎本環・大矢根淳編，2012，『社会調査の基礎——社会調査士 A・B・C・D 科目対応』弘文堂，123-5.

柿沼美紀・和田潤子・榊原繭・浜野由香，2008，「意識調査から見た飼い主と犬の関係——より良い獣医療およびサービスの提供を目指して」『日獣生大研報』57：108-14.

亀井伸孝，2017，「フィールドワークにおける視覚的表現の活用——社会調査実習の成果と近未来の課題」『社会と調査』社会調査協会，19：23-34.

Katcher, Aaron, H. and Alan M. Beck, 1983, *New Perspective on our Lives with Companion Animals*, The University of Pennsylvania press.（＝小形宗次・小山幸子・鈴木百合子・田邉治子・若尾義人訳，1994，『コンパニオン・アニマル——人と動物のきずなを求めて』誠信書房.）

勝俣和悦，2008，『となりの「愛犬バカ」』祥伝社.

川上憲人・小林廉毅・橋本秀樹編，2010，『社会格差と健康——社会疫学からのアプローチ』東京大学出版会.

King, Gary, Robert O. Keohane and Sidney Verba, 1994, *Designing Social Inquiry: Scientific Inference in Qualitative Research*, Princeton: Princeton University Press.（＝真渕勝監訳，2014，『社会科学のリサーチデザイン——定性的研究における科学的推論』勁草書房.）

小松洋，2007「データを分析する前に必要な作業」大谷信介・木下栄二・後藤範章・小松洋編『新・社会調査へのアプローチ』ミネルヴァ書房，118-93.

Loukaitou-Sideris, Anastasia and Renia Ehrenfeucht, 2012, *Sidewalks: Conflict and negotiation over Public Space*, MIT Press.

Lobprise, Heidi B., 2012, *Blackwell's Five-Minute Veterinary Consult Clinical Companion Small Animal Dentistry Second Edition*, Hoboken: John Wiley & Sons. (＝藤田桂一監訳，2014,『小動物臨床のための5分間コンサルト診断治療ガイド——歯科学［第2版］』インターズー.)

Marcus, Clare Cooper and Carolyn Francis eds., 1998, *People Places: Design Guidelines for Urban Open Space*, John Willy & Sons.

Masson, Jeffrey Moussaieff, 2010, *The Dog who couldn't Stop Loving; How Dogs Have Captured Our Hearts for Thousands of Year*, Harper Collins Publishers. (＝桃井緑美子訳，2012,『ヒトはイヌのおかげで人間（ホモ・サピエンス）になった』飛鳥新社.)

松本康編，2014,『都市社会学・入門』有斐閣.

箕浦康子，2009,『フィールドワークの技法と実際Ⅱ——分析・解釈編』ミネルヴァ書房.

森岡清美，2005,『発展する家族社会学——継承・摂取・創造』有斐閣.

中川雅貴・近藤克則・鈴木佳代，2013,「健康格差とネットワークをめぐる研究上の諸問題とその克服——大規模社会疫学調査研究の経験を踏まえて」『社会と調査』10：52-7.

中村高康，2013,「混合研究法の基本的理解と現状評価」『調査と社会』社会調査協会，11：5-11.

名嘉憲夫，2002,『紛争解決のモードとは何か——協働的問題解決へむけて』世界思想社.

奥田道大，1995,「都市的世界・コミュニティ・エスニシティ——アメリカおよび日本の大都市におけるエスニック・コミュニティの変容と再編」奥田道大編『21世紀の都市社会学　第2巻　コミュニティとエスニシティ』勁草書房，1-43.

大倉健宏，2012,『エッジワイズなコミュニティ——外国人住民による不動産取得をめぐるトランスナショナルコミュニティの存在形態』ハーベスト社.

————，2016,『ペットフレンドリーなコミュニティ——イヌとヒトの親密性・コミュニティ疫学試論』ハーベスト社.

————，原田公，リンチ・ジョナサン，2018,「異文化をフィールドで学ぶ——環境科学科における学生海外研修の事例から」『麻布大学雑誌』30：43-62.

Oldenburg, Ray, 1989, *The Great Good Place: Café, Coffee Shop, Bookstore, Hair Salons and Other Hangouts at Heart of a Community*, Da Capo Press. (＝忠平美幸訳，2013,『サードプレイス——コミュニティの核に

なる「とびきり居心地良い場所」』みすず書房.）

大隅昇・林知己夫編, 2008, 『社会調査ハンドブック』朝倉書店.

大隅昇・林文・矢口博之・簑原勝史, 2017, 「ウェブ調査におけるパラデータの有効利用と今後の課題」『社会と調査』社会調査協会, 18：50-61.

Parsons Talcott, 1951, *The Social System*, Routledge.（＝佐藤勉訳, 1974, 『社会体系論』青木書店.）

Pitcairn, Richard, H. and Susan H. Pitcairn, 1995, *Natural Health for Dogs & Cats*, New York: Rodale Books.（＝青木多香子訳, 1999, 『イヌのライフスタイル』中央アート出版社.）

Putnam, Robert, D., 2015, *Our kids The American Dream in Crisis*, New York: Simon and Schuster.（＝柴内康文訳, 2017, 『われわれの子ども——米国における機会格差の拡大』創元社.）

Rogers, Richard and Philip Gumuchdjian, 1997, *Cities for a Small Planet*, Faber and Faber Limited.（＝野城智也・和田淳・手塚貴晴, 2002, 『都市 この小さな惑星の』鹿島出版会.）

Sanders, Clinton, R., 1999, *Understanding Dogs: Living and Working with Canine Companions*, Philadelphia: Temple University Press.

Schaffer, Michael, 2009, *One Nation Under Dog: Adventures in the New World of Prozac-Popping Puppies, Dog-Park Politics, and Organic Pet Food*, New York: Henry Holt and Company.

Schor, Juliet B., 2010, *Plenitude: The New Economics of True Wealth*, New York: Penguin group.（＝森岡孝二監訳, 2011, 『プレニテュード——新しい〈豊かさ〉の経済学』岩波書店.）

社会調査協会, 2014 『社会調査事典』丸善出版.

下平尾勲, 2004, 「講演——叙述の方法」私家版.

杉野勇・俵希實・轟亮, 2015, 「モード比較研究の解くべき課題」『理論と方法』数理社会学会, 253-72.

鈴木圧亮監修, 辻一郎・小山洋編, 2009, 『シンプル衛生公衆衛生学』南江堂.

Syme, Leonard, S., 2000, "Foreword," Berkman, Lisa, F. and Ichiro Kawachi eds., *Social Epidemiology*, New York: Oxford University Press, ix-x.

徳田剛, 2017, 「書評 大倉健宏著『ペットフレンドリーなコミュニティ——イヌとヒトの親密性・コミュニティ疫学試論』」『地域社会学会年報』29：127-8.

鳥越皓之・金子勇編, 2017, 『現場から創る社会学理論——思考と方法』ミネルヴァ書房.

打越綾子, 2016, 『日本の動物政策』ナカニシヤ出版.

Walsh, Julie, 2011, *Unleashed Fury: The Political Struggle for Dog-friendly Parks*, Purdue University Press.

Wellman, Barry, 2001, Physical Place and Cyber Place: The rise of Networked Individualism, *International Journal of Urban and Regional Research* 25：227-52.

山田昌弘, 2007, 『家族ペット――ダンナよりもペットが大切⁉』文藝春秋.

安河内恵子, 2007, 「サンプリングの考え方と方法」森岡清志編『ガイドブック社会調査』(第2版) 日本評論社, 111-34.

・Ohlone Dog Park および Ohlone Dog Park Association 関連資料 (再掲) 公開時期順　数字は第5章の文書番号

① City of Berkeley Parks & Recreation Commission, May 24, 2004, "Regular Meeting". および City of Berkeley Parks & Recreation Commission, June 28, 2004, "Regular Meeting," (2017年2月G氏提供).

② The Berkeley Parks & Recreation Commission, "Proposed Motion 1," および The Berkeley Parks & Recreation Commission, "Proposed Motion 2," City of Berkeley Parks & Recreation Commission, May 17, 2005, "Ohlone Dog Park (CF-16-04)," (2017年2月G氏提供).

③ City of Berkeley Parks & Recreation Commission, May 17, 2005, "Ohlone Dog Park (CF-16-04)," (2017年2月G氏提供).

④ *The Daily Californian*, September 14, 2011, "Concerns Raised over Dog Attacks in Berkeley Park,", (Retrieved February 1, 2015, http://www.dailycal.org/2011/09/14/concerns-raised-over-dog-attacks-in-berkeley-park).

⑤ ODPA, 2014, "Friends," (ODPA代表G氏文書　公園内とSNSに掲示).

⑥ City of Berkeley, 2014, "Ohlone Park Renovation Plan,", (Retrieved February 1, 2015, http://www.ci.berkeley.ca.us/ContentPrint.aspx?id=12716).

⑦ City of Berkeley, 2014, "Upcoming Project Ohlone Dog Park Renovation," (2017年2月G氏提供).

⑧ City of Berkeley Department of Parks Recreation & Waterfront, 2015, "Project Manual Ohlone Dog Park Renovation," (2017年2月G氏提供).

⑨ City of Berkeley, 2015, "Ohlone Dog Park Renovation Document 00020 Invitation to Bid,", (Retrieved December 5, 2015, http://www.cityofberkeley.info/Clerk/Commissions_Parks_and_Waterfront_Commission.aspx.).

⑩ Ohlone Dog Park Association, February 23, 2016, "Council Agenda, Item 13, Renovation of Ohlone Dog Park,"（2017 年 2 月 G 氏提供）.

⑪ Ohlone Dog Park Association, February 23, 2016, "Letter,"（2017 年 2 月 G 氏提供）.

⑫ *The Daily Californian*, March 2, 2016, "City Council Approves Renovations to Ohlone Dog Park Amid Neighbors' Concern,",（Retrieved December 12, 2017, http://www.dailycal.org/2016/03/02/city-council-approves-renovations-to-ohlone-dog-park-amid-neighbors'-concerns）.

⑬ City of Berkeley Parks Recreation & Waterfront Department, April 13, 2016, "Friends of Ohlone Dog park Request for itigation,"（2017 年 2 月 G 氏提供）.

⑭ City of Berkeley Park & Waterfront Commission, April 13, 2016, "Ohlone Dog Park request for Mittigation,"（2017 年 2 月 G 氏提供）.

⑮ Friends of Ohlone Park, June 29, 2016, "ODPA & dog park neighbors' agreement,"（市，関係者にむけた FOOP 代表者電子メール，2017 年 2 月 G 氏提供）.

⑯ *The Daily Californian*, October 23, 2016, "Ohlone Dog Park Celebrates Reopening to Public as Renovation Finish,",（Retrieved December 21, 2017 http://www.dailycal.org/2016/10/23/ohlone-dog-park-celebrates-reopening-to- public-as-renovation-finish）.

・調査地ドッグパークでのルール等（引用順）明記のないものはいずれも 2014 年 12 月 6 日取得

Ohlone Park（Berkeley）

Berkeley Historical Plaque Project, 2016（Retrieved September 6, 2019, http://berkeleyplaques.org/plaque/ohlone-dog-park/ocat=30）

Ohlone Dog Park Association, 2007.（Retrieved October 21, 2014, http://www.ohlonedogpark.org/about.html）（現在は存在しない）

http://www.ci.berkeley.ca.us/Parks_Rec_Waterfront/Trees_Parks/Parks__Ohlone_Park.aspx

http://berkeleyplaques.org/plaque/ohlone-dog-park/

http://www.ohlonedogpark.org/dog_park_design.html

http://www.ohlonedogpark.org/about.html

Alamo Square Park（San Francisco）
http://sfrecpark.org/destination/alamo-square/
http://sfrecpark.org/parks-open-spaces/dog-play-areas-program/

Fort Greene park（Brooklyn）
http://www.nycgovparks.org/parks/fort-greene-park
www.nyc.gov/parks/dogs

ドッグパーク内設置ルール
City of Berkeley Parks Recreation & Waterfront "Welcome to Ohlone Dog
　Park"（2014 年 9 月 6 日確認）

・調査参加学生のフィールドノート記述
麻布大学生命・環境科学部地域社会研究室，2017，『アメリカ調査旅行
　2017.8.23〜9.08 参加者レポート』私家版.
麻布大学生命・環境科学部地域社会学研究室，2018，『アメリカ調査旅行
　2018.8.23〜9.07 参加者レポート』私家版.

本研究で使用した調査票

2018 年調査にて利用した調査票に 2013・2014・2017・2018 年調査の単純集計結果の一部を追記した。

Research Project: "Pet-friendly Community"
Associate Professor Takehiro OKURA Ph.D.
Azabu University School of Life and Environmental Science
Seminar on Environmental Sociology
 Sagamihara City Japan

　　Within my specialist field of community sociology, I am conducting research into "pet-friendly communities". One part of the research investigates the epidemiological aspect, and the other the sociological aspect. As a result of this research, we would like to find out what is or are the critical conditions for building "pet-friendly communities".

　　This research consists of two steps. The first is a "Saliva molecular biology test". The second is this questionnaire which you are reading now.

　　The purpose of "the Saliva molecular biology test" is to investigate periodontal dental diseases shared between owners and their dogs, and it will ask you to collect you and your dog's Saliva by cotton swab. This investigation will enable us to assess the level of pet and owner interaction.

　　In this questionnaire, we ask you about your background and your dog.

　　Thank you very much for your cooperation in this research project.

Q1. Please read this carefully and approval use after understanding the content enough.

・Agree ・Don't agree

1.　Please answer the following questions about yourself.

Q2. which is your Gender? ・Male（182）・Female（164）・No answer（6）
Q3. How old are you?　age_____

Q4. What is your status? Please circle only one item.

① Student (24) ② Home maker (6) ③ Salaried worker (229) ④ Business owner (50) ⑤ Currently unemployed (9) ⑥ Retired (28) ⑦ Others (4)

Q5. What is your educational background? Please circle only one item. If you are a student, please circle the one which you are currently attending.

① Secondary school (1) ② High school (13) ③ Junior college (10) ④ University (173) ⑤ Graduate school (150) ⑥ None of the above (4)

Q6. Where is your hometown?

States (   ) City (   )

Q7. Where are you living now?

States (   ) City (   ) Zip (   )

Q8. How much is your annual income? Please circle one item.

① No (37) ② ～ $50,000 (40) ③ $50,001～100,000 (94) ④ $100,001～150,000 (74) ⑤ $150,001～ (98)

Q9. Which type of residence are you living in now? Please circle one item.

① A house you own (74) ② A condominium you own (50) ③ A house you rent (47) ④ An apartment you rent (172) ⑤ Parent's house (5) ⑥ Other relative's house (1)

Q10. What size of accommodation do you currently live in?

① Studio (120) ② 2～3 bed room (197) ③ 4 or more bed room (31) ④ Others (1)

2. Please answer the following questions about your family.

Q11. How many people are living in your current residence? ___ People

3. Please answer the following questions about your dog.

Q12. How long have you owned your dog? ___ NY mean 2.6, SF mean 2.2 Years ago

Q13. What breed is/are your dog (s) ? How old is it/are they?

Dog 1 (Breed   ) (age   )

Dog 2 (Breed   ) (age   )

Dog 3 (Breed   ) (age   )

Dog 4 （Breed   ） （age   ）

Dog 5 （Breed   ） （age   ）

Q14. How many times do you feed your dog a day? _____ Times.

Q15. What kind of food do you typically feed your dog? Please circle all items.

  ① Natural meat （25） ② Solid dog food （274） ③ Left over human food （29） ④ Other （2）

Q16. Do you share tableware with your dog?

  ① Yes I do. （55） ② No I do not. （251）

Q17. Who is the primary care giver for the dog （s） in your house? _____

Q18. Where does your dog sleep every day?

  ① Floor （109） ② Outside Kennel （5） ③ My bed （125） ④ Other （66）

Q19. What do you think is the most important facility/shops for dog owners? Please circle only one item.

  ① Park （251） ② Animal Hospital （65） ③ Pet shop （22） ⑤ Pet hotel （2） ⑥ Other （5）

Q20. How often do you take a walk with your dog （s） ? Please circle only one item.

  ① Several times a day （296） ② Once a day （36） ③ Once every two days （6） ④ Once every three days or more （11） ⑤ None of the above （2）

Q21. How long do you take a walk for in total? NY mean 58, SF mean 56 Minutes

Q22. Who takes care of your dog when you have a long trip? Please circle only one item.

  ① I do not take long trip. （11） ② I take our dog(s). （37） ③ I put my dog(s) in a pet-keeping facility. （31） ④ I ask friends/neighbors to take care of my dog(s). （92） ⑤ Relatives look after my dog(s). （29） ⑥ Other （12）

Q23. Do you have "pet-related friends" with whom you share your interest in dogs? Please circle only one item.

  ① Yes I have. （276） ② No I do not. (Please skip to Q26.) （63） ③ I cannot say. （11）

Q24. Where or how did you meet these friends? Please circle only one item.

  ① I met them in the park. （186） ② A friend of mine introduced me to them. （26） ③ I met them in a pet group. （10） ⑦ Other （56）

Q25. What is the most common topic that you talk about with your "pet-related friends"? Please circle only one item.

① How to keep dogs (145) ② Pet goods or shops (27) ③ Animal Hospitals (5) ④ Nothing related to Dog (66) ⑤ Other (31)

Q26. What is your most important source of knowledge about dog sitting? Please circle only one item.

① Family member (70) ② Book, magazine or internet (77) ③ Pet related shop (8) ④ Animal doctor (42) ⑤ "Pet friend" (119) ⑥ Others (27)

Q27. Which of these behaviors represents the worst manners for a pet owner, do you think?

① Never picks up excrement (144) ② Always lets a dog run lose (21)

③ Never gives have a vaccinations (51) ④ Never disciplines (109) ⑤ Others (22)

Q28. What do you think is the best location to keep a dog? Please circle only one item.

① A place with an animal hospital nearby (13) ② A place with a pet shop or pet related shop (8) ③ A place with a large park or space nearby (287) ④ A place with "pet-friends" nearby (28) ⑤ Other (10)

Q29. Do you take steps to prevent periodontal (dental) disease in your dog(s)?

① Yes I do. (221) ② No I don't. (Please skip to Q32.) (86) ③ Not sure. (Please skip to Q32.) (34)

Q30. How often do you provide periodontal disease care for your dog?

① Every day (32) ② Several times in a week (42) ③ Once in a week (51) ④ Once a month or more (96) ⑤ Other (34)

Q31. What kind of periodontal disease care do you provide? Please circle all items which you apply.

① Brushing (114) ② Chewing gum (24) ③ Advice from an animal doctor (42) ④ Others (68)

Q32. Do you or your family have periodontal disease?

① Yes I/we have. (33) ② No I/we don't. (242) ③ Not sure. (46)

Q33. If you have any comments or questions about this research project and/or this questionnaire, please use this space.

>

This is the end of the questionnaire. Thank you very much for your cooperation.

Q34. Researcher Name _____ / Sheet Number _____

あとがき

　最後まで悩んで，結局採用しなかったタイトル案がある。それは「デイグレーション（Daygration）の社会学」である。前述のように"Brooklyn Nobody Knows"を世に問うたヘルムリッヒは，住民間のPorous（多孔性・透過性）な，Engagement（関わり合い）を通じて，隔たる存在に穴が開くことをDaygrationとよんでいる（Helmreich 2016：xii）。Daygrationというタームを使いたかったから，この本が出来上がったのではないかと今にして思う。

　2013年調査に参加したのは，麻布大学生命・環境科学部環境科学科3年生，泉山萌・篠﨑智貴・山口翔悟・波田野梨奈，2年生齋藤一樹，5名である。

　2014年調査に参加したのは，環境科学科3年生齋藤一樹・末藤史恵，玉川大学4年生瀧田恵，3名である。

　2017年調査に参加したのは，麻布大学獣医学部動物応用科学科3年生持田詩織・村山未来・堀越茉利江・中村匡志・鈴木優華，生命・環境科学部環境科学科2年生相場史寛，6名である。

　2018年調査に参加したのは，動物応用科学科2年生小野麗美・山下栞奈・伊藤春佳・小野七海・飯嶋遥蘭・西上桃楓，3年生雲彩織・渡辺友貴・海老澤春佳・岡田ひなの，環境科学科3年生相場史寛・岡谷卓，12名である。

　彼ら26名のEngagementなしにはこの調査は実施不可能であった。

ひとりひとりの顔を思い浮かべ，改めて感謝をしたい。そして2013年からの4回の調査で352票の回答を得ることができた。これも得難い Engagement である。

くわえて統計的手法については，順天堂大学大槻茂実先生に細部にわたるご意見をうかがった。お礼を申し上げる。

いろいろな機会に「学生を海外調査に連れて行くなんて大変ですね」と言われた。そう言われるたびに，そんなものかなと首をかしげたくなった。筆者は1987年夏から2005年夏にかけて，東京YMCA少年長期キャンプ「野尻学荘」にボランティアリーダーとして，プログラムディレクター他として参加し続けた。学生引率や集団指導が適切であったとすれば，それは信州野尻湖畔でのキャンプリーダーの経験が活かされたのであろう。調査旅行にあっては，困難がなかったとは言わないが，調査グループをハンドリングできていないと感じたことは一度もなかった。

調査を実施したニューヨーク市ブルックリン区とサンフランシスコエリアについて，何度もアドバイスをいただいた，30年来の友人である Haskins（小山）美奈子さんと志賀宏記さんに感謝をしたい。おふたりが示す定点観測ともいうべき，地域の変容に対する鋭い視点には，驚愕させられるばかりであった。そしておふたりとの出会いも，野尻湖畔桐久保であったことに，いまさらながら気が付いた。

この執筆中にはふたつのお別れがあった。

2013年からの科研費研究，そして2017年からのブランディング事業においても，この研究に研究分担者として参画していただいた

麻布大学獣医学部公衆衛生学第二研究室加藤行男先生が2019年4月18日逝去された。加藤先生には歯周病菌PCR分析をお願いしていた。お目にかかって質問にお答えいただき，分析知見をうかがったことは数回だけであったが，穏やかな口調のもとに研ぎ澄まされた分析眼を垣間見た。改めて加藤先生のご冥福をお祈りする。

　2019年9月26日深夜，父俊彦が眠るように亡くなった。僕は思春期以来ずっと父を避けていた。僕の人生の選択は，父が望まないであろう方向への選択の連続であった。最近になりそれは自らを鏡で見るようであったからだと気がついた。この1年間，何度も病院を訪れ，車いすを押してテレビのある談話室に連れて行った。大した話はしなかったが，その時間は実にいとおしい時間であった。はじめて父との時間がずっと続けばいいなと思った。大きな（小さな）後悔と小さな（大きな）感謝の言葉を父に捧げる。

　本研究の実施にあたっては，平成24年度日本学術振興会科研費研究（挑戦的萌芽研究，代表者大倉健宏）「ペットフレンドリーなコミュニティの条件——コミュニティ疫学試論」，平成28年度文部科学省私立大学研究ブランディング事業（「動物共生科学の創生による，ヒト健康社会の実現」）「ペットフレンドリーなコミュニティの条件——アメリカ・相模原におけるコミュニティ疫学調査の実施と『ミニ・パブリック』を対象とした『討論型世論調査』（Deliberative Poll　DP）の実施」による援助があった。記して感謝申し上げる。

　さて最後にEngagementには前哨戦という意味があることも，記しておかなくてはならない。自らの新たな都市コミュニティ研究

の緒に，この一冊を位置づけたいと考えている。

2019 年 11 月 10 日　次男紳志の誕生日に　河口湖畔にて

　本書の原稿は 2020 年 9 月末の刊行を目指し，2019 年 12 月に脱稿し提出した。その後に世界を震撼させ，社会を，生活を，教育を，研究を一変させた禍が発生した。

　出版事情が困難ななかという表現はよく目にする。本書は人類が未知の困難ななか，あらゆる計画が困難になったなかにあっても，予定通りの刊行に至った。その意味では二つの世界を橋渡ししていただいとも思える。学文社田中千津子社長，編集部の皆様には格別のご高配を賜ったと背筋が伸びる思いである。改めて深くお礼を申し上げる。

2020 年 8 月 23 日
　　　　酷暑にあって一息ついた朝に　立川にて　大倉健宏

事項索引

人名索引

【著者プロフィール】

大倉 健宏（おおくら たけひろ）

1965年　東京都生まれ
　　　　立教高等学校卒業　立教大学社会学部卒業
　　　　東洋大学大学院社会学研究科博士後期課程単位取得退学
1995年　福島女子短期大学専任講師　同助教授・福島学院大学福祉学部准教授
2004年　社会調査士認定機構　専門社会調査士（第000064号）
2008年　麻布大学生命・環境科学部環境科学科准教授　環境社会学研究室
2013年　博士（社会学）立教大学
2019年　麻布大学生命・環境科学部環境科学科教授　地域社会学研究室
　　　　現在に至る。

主要業績

「エスニック・コミュニティ」高橋勇悦編『社会変動と地域社会の展開』学文社，2000年．

「再開発・街づくりと空間の文脈──北米コミュニティ調査から」下平尾勲編『地域からの風──ビジネス・情報・デザイン』八朔社，2003年．

「地方都市転換期における地域変容──福島市　1995-2005を事例として」『地域創造』18(2)，福島大学地域創造支援センター，2007年．

「不安な社会のコミュニティ──設計され，たちあげられる空間のために」春日清孝・楠秀樹・牧野修也編『〈社会のセキュリティ〉は何を守るのか──消失する社会／個人』学文社，2011年．

『エッジワイズなコミュニティ──外国人住民による不動産取得をめぐるトランスナショナルコミュニティの存在形態』ハーベスト社，2012年．

『ペットフレンドリーなコミュニティ──イヌとヒトの親密性・コミュニティ疫学試論』ハーベスト社，2016年．

エンゲージ（Engage）された空間──#ペットフレンドリーなコミュニティの条件

2020年9月30日　第1版第1刷発行

著　者　大　倉　健　宏

発行所　株式会社　学　文　社

発行者　田　中　千　津　子

〒153-0064　東京都目黒区下目黒3−6−1
電話(03)3715-1501(代表)　振替00130-9-98842
https://www.gakubunsha.com

印刷／新灯印刷
〈検印省略〉

落丁，乱丁本は，本社にてお取り替えします。
定価は，売上カード，カバーに表示してあります。
© 2020　OKURA Takehiro　Printed in Japan
ISBN 978-4-7620-3030-7